高等职业教育"十三五"规划教材

（数字媒体技术专业核心课程群）

计算机美术构成应用

主　编　邓国萍　游祖会

副主编　陈梦园　杨雪平

中国水利水电出版社

www.waterpub.com.cn

·北京·

内 容 提 要

本书在教学内容选择和实践实施方案上摆脱以往基于学科体系教学模式的束缚，以项目任务的实施流程来组织和安排教学，以任务驱动、工学结合为编写思路，结合广告设计师、网页设计师等数字媒体设计相关目标岗位的"岗位工作能力"确定课程教学内容。将"平面构成、色彩构成、立体构成"整合为一体，确立了 21 个学习情境，教材重点突出，理论以适用为度，案例结构清晰、由浅入深，在基础教学中向专业设计延伸，提高学生对专业知识的整体性理解，强调实践部分及相应案例实施过程，使学习者能举一反三。

本书可作为高等职业院校计算机类、艺术类专业的教材，也可作为成人高校学生及计算机美术设计人员的辅导教材。

图书在版编目（CIP）数据

计算机美术构成应用 / 邓国萍，游祖会主编. -- 北京 ：中国水利水电出版社，2019.8
高等职业教育"十三五"规划教材. 数字媒体技术专业核心课程群
ISBN 978-7-5170-7889-0

Ⅰ. ①计… Ⅱ. ①邓… ②游… Ⅲ. ①美术－艺术构成－计算机辅助设计－高等职业教育－教材 Ⅳ. ①J06-39

中国版本图书馆CIP数据核字(2019)第165376号

策划编辑：石永峰	责任编辑：周益丹	封面设计：李 佳

书　　名	高等职业教育"十三五"规划教材（数字媒体技术专业核心课程群） **计算机美术构成应用** JISUANJI MEISHU GOUCHENG YINGYONG
作　　者	主　编　邓国萍　游祖会 副主编　陈梦园　杨雪平
出版发行	中国水利水电出版社 （北京市海淀区玉渊潭南路 1 号 D 座　100038） 网址：www.waterpub.com.cn E-mail：mchannel@263.net（万水） 　　　　sales@waterpub.com.cn 电话：（010）68367658（营销中心）、82562819（万水）
经　　售	全国各地新华书店和相关出版物销售网点
排　　版	北京万水电子信息有限公司
印　　刷	天津联城印刷有限公司
规　　格	184mm×260mm　16 开本　17 印张　378 千字
版　　次	2019 年 8 月第 1 版　2019 年 8 月第 1 次印刷
印　　数	0001—2000 册
定　　价	68.00 元

前　言

　　平面构成、色彩构成、立体构成简称"三大构成"，是现代设计类专业的基础课，课程具有科学性、创新性、人文性、实践性特点，内容丰富有深度，辐射面甚广，以其科学的创造性思维和抽象的表达方式，体现了现代教学的崭新理念和多维的教育思想，培养学生的创造意识、创造能力和审美感知能力。

　　在经济迅速壮大的背景下，社会对设计人才素质和结构的需求发生一系列的新变化，教学与实践脱节的问题更加凸显出来。本书针对这一问题，从时代特点出发创新教学模式，强调实践部分及相应案例实施过程，使学习者能举一反三。

　　本书在应用型教学的基础上，以项目任务的实施流程来组织和安排教学，各项目具有操作性和可执行性，强化了课程的综合时效，在基础教学中向专业设计延伸，提高学生对专业知识的整体性理解。教材内容易学易懂、专业特点强，针对高职院校计算机设计类专业学生，突出理论与实践的结合，案例教学由浅入深，案例实施过程明朗清晰，是学生进行自我训练和自主学习的良好范本。

　　本书以任务驱动、工学结合为编写思路，结合广告设计师、网页设计师等数字媒体设计相关目标岗位的"岗位工作能力"确定课程教学内容。将"平面构成、色彩构成、立体构成"整合为一体，确立了21个学习情境，内容包括构成概述、平面构成要素、平面构成的基本形式、平面构成的形式美法则、色彩的基本原理、色彩混合、色彩特性、立体构成表现等。教学内容和实践实施方案，强化了与后续课程"数字媒体设计"相衔接的内容，加强了对应用的实践，突出针对性、实验性和可操作性，强化"活学"并达到"学以致用"。

　　本书由重庆工程职业技术学院的邓国萍、游祖会任主编，陈梦园、杨雪平任副主编。学习情境1由杨雪平编写，学习情境2～10由邓国萍编写，学习情境11～16由陈梦园编写，学习情境17～21由游祖会编写，邓国萍负责统稿工作。

　　在本书编写过程中编者得到重庆工程职业技术学院信息工程学院院长杨智勇教授的大力支持，在此表示感谢。为了教学需要，本书借鉴和采用了国内外优秀作品，因来源复杂，不能一一注明作者，在此向作品的作者表示歉意和衷心的感谢，并向提供图片的计算机应用171、172、185班的学生深表谢意。由于编者水平有限，书中难免存在疏漏和不足之处，恳请读者批评指正。

编　者

2019 年 5 月

目　　录

项目二　色彩构成

项目三　立体构成

项目一
平面构成

学习情境 1　平面构成概述

学习要点

- 了解平面构成的概念及相关发展背景。
- 了解平面构成的内容和学习方法。

任务描述

　　现代设计基础训练将平面构成、色彩构成和立体构成作为独立学科体系，平面构成是艺术设计的基础理论之一，它与色彩构成和立体构成有着不可分割的关系。学生通过浏览包豪斯、现代设计及艺术史相关图书与网站，了解构成艺术的发展；通过小组讨论的形式，了解平面构成的作用，加深对平面构成原理的理解和感悟。

相关知识

1. 构成及平面构成的概念

　　"构成"原是哲学范畴名词，意指以事物与事物之间的内在联系来体现事物的本质。当用于设计基础的教学范畴时，"构成"具有建构、组合和重构的意思，是将不同或相同形态的几个元素以新的方式呈现和组合，形成新的视觉形式的一种造型方法，根据所涉及的元素范围，又在平面构成、色彩构成、立体构成等领域进一步展开，是进入设计状态的准备过程。

　　平面构成注重抽象形态的训练，是将点、线、面或基本形等视觉元素在二次元的平面上按照一定的美学法则和创作意图进行编排和组合的一种艺术表现形式，是以理性和逻辑推理来创造形象、研究形象与形象之间排列方式的建设性活动,它融合了现代物理学、光学、数学、心理学、美学等诸多领域的成就，是理性与感性相结合的创造性设计艺术。它强调形态之间的比例、均衡、对比、节奏、韵律等形式美语言，又讲究图形给人的视觉引导作用。平面构成注重培养设计的思维方式、抽象构思能力和创造能力，由此成为各个设计领域中个体元素提炼、设计形态形成的训练阶段。

2. 现代设计的产生背景

"构成"一词来源于20世纪初在俄国兴起的前卫艺术译语中使用的"构成主义运动"。这场运动强调精神世界和内心的体验，并否定传统艺术。俄国十月革命带来了社会制度的巨大变革，构成主义运动在这种大背景下应运而生，一直持续到1922年左右。构成主义者认为必须为构筑新社会而服务，因此，必须抛弃传统的艺术概念，用大量生产和工业化取而代之，这是与新社会和新政治秩序密不可分的。在创作过程中，构成主义者有意避免使用传统的艺术媒介，如油画、颜料等，而采用即成物品或即成材料，如木材、金属板、纸张等来组合、构成作品。构成主义者活跃于社会文化的各个领域，他们的作品更是遍布于当时艺术和设计的各个门类，如建筑设计、室内设计、产品设计、雕塑艺术，甚至舞台艺术等。总而言之，构成主义的形式特点和设计特质可以用"几何形、结构形、抽象形、逻辑形或秩序形"来概括，代表人物有塔特林、马列维奇、李辛斯基、康定斯基等。

图 1.1 　《第三国际纪念塔》塔特林作品

图 1.2 《哥萨克士兵》康定斯基作品

图 1.3 《一个英国人在莫斯科》马列维奇作品

图 1.4 《至上主义构图》马列维奇作品

荷兰风格派的影响。荷兰的风格派运动是与俄国的构成主义运动并驾齐驱的重要的现实主义设计运动之一。荷兰风格派的特点是高度理性，强调纯造型的表现和绝对抽象的设计原则，主张从传统及个性崇拜的约束下解放艺术。风格派认为艺术应脱离自然而取得独立，艺术家只有用几何形象的组合和构图来表现宇宙根本的和谐法则才是最重要的。风格派还认为"把生活环境抽象化，这对人们的生活就是一种真实。"风格派的代表人物有西奥·凡·杜斯伯格、蒙特里安、维尔莫斯·胡扎、巴特·凡·德·列克等。

蒙特里安，出生于荷兰，是风格派的创始人。其作品主要用直线分割空间，构成一种理性的视觉美感。他崇尚构成主义绘画的表现方式，认为艺术应该完全脱离自然的外在形式，追求"绝对的境界"。他运用最基本的元素：直线、直角、三原色和无彩色的黑白灰等来作画。他的作品只是由直线和横线构成，色彩面积的比例与分割以"造型数学"为指导，一切都在严格的理性控制下，因此人们称他为"冷抽象"，即冷静的抽象形式。

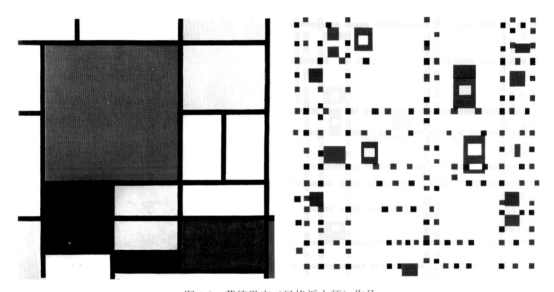

图 1.5　蒙德里安（风格派大师）作品

3. 包豪斯与现代设计教育

包豪斯是在德国魏玛市成立的世界上第一所为发展现代设计教育而建立的设计学院，成立于 1919 年，由德国著名建筑师、设计理论家格罗皮乌斯创建，它的成立标志着现代设计的诞生，同时对世界现代设计的发展产生了深远的影响。

包豪斯建立了以观念和解决问题为中心的设计体系。这种设计体系强调对美学、心理学、工程学和材料学进行科学的研究，用科学的方式将艺术分解成基本元素：点、线、面，以及空间、色彩。它寻求的是形态之间的组合关系，使艺术脱离了传统的装饰手段，从而充分运用构成抽象地表现客观世界。包豪斯所创作的作品既是艺术的又是科学的，既是设计的又是实用的，同时还能够在工厂的流水线上大批量生产制造。包豪斯学院的学生不但要学习设计、造型和材料，还要学习绘画、构图和制作。学院里有一系列生产车间和作坊，如木工车间、砖石车间、钢材车间、陶瓷车间等，以便学生将自己的设计作品制作出来。包豪斯学院既聘请艺术家担任讲师和教授，如康定斯基、伊顿、克利等艺术大师，又聘请技艺高超的工匠担任生产车间和作坊的师傅。

图1.6 德国魏玛包豪斯设计学院

包豪斯的设计课程为现代设计教育确立了良好的教学规范，其教育核心理念：技术与艺术的和谐统一，视觉敏感性达到理性水平，对材料、结构、肌理、色彩进行科学及技术的理解，强调集体工作是设计的核心，艺术家、企业家、技术人员应该紧密合作，学生的作业和企业项目密切结合等指导思想一直沿用至今。

4. 平面构成的内容和学习方法

平面构成是设计的基础，其内容以形态的创造和视觉形式的变化训练为主，按照平面形式的变化规律、方法以及创意实现等具体程序，遵循构成的个体到整体，感性认识到理性解析，再到设计实践和应用的过程，循序渐进地进行。

通过对平面构成设计造型要素与构成规律的研究和严格而循序渐进的构成设计训练，基本掌握视觉元素中点、线、面的构成方法，培养设计的感知能力。通过课程的讲解，要求学生具备观察能力、理解分析能力、判断能力、设计表现能力。

平面构成课程是一个开发潜在创造力的造型设计基础课，其思维的方法具有以下两个方面。一是逻辑思维，先确定构成形态的若干基本元素，然后以排列组合的方法重新对这些元素进行编排组合。这种方法是一种富于理性的思维方法，可在众多方案中选出最佳方案。二是形象思维与抽象思维，在感性认识的基础上，分析造型的意向特征，充分发挥想象力，给自然界中的万事万物插上想象的翅膀。通过想象，建立图形、图像之间的联系，创造富有想象力的图形和构成设计。学习中，必须注重平面构成中所包含的基本原理和技法，培养对形态和视觉敏锐的感觉和构思判断能力，并在大量的作品练习中去理解和体会，必须反复、集中演练，才能真正理解，最终在设计时应用自如。

任务实施

小组讨论并实施下列问题，记录、整理同学们的答案，并尝试用材料和实例说明观点：

（1）浏览包豪斯、现代设计及艺术史相关图书与网站，了解现代艺术的发展。

（2）选取两组图片表达你对平面构成的理解。

（3）你对专业设计有什么了解？哪些问题是希望在平面构成学习中获得解决的？

考核要点

该学习情境，进行的是有关平面构成概述方面的练习，积极引导学生了解平面构成。作为设计类的基础课程，必须是在浏览和学习大量的作品，并且反复练习操作后，才能有良好的设计能力。在学习过程中做到"细心敏锐观察、积极创造体验、多方面接触各种设计形式"。在该学习情境中主要对以下项目进行过程考核：

（1）现代设计产生的背景。

（2）包豪斯和现代设计教育。

知识链接与能力拓展

1. 欣赏不同设计领域的作品

图 1.7　招贴设计

图 1.8 包装设计

图 1.9 品牌形象设计

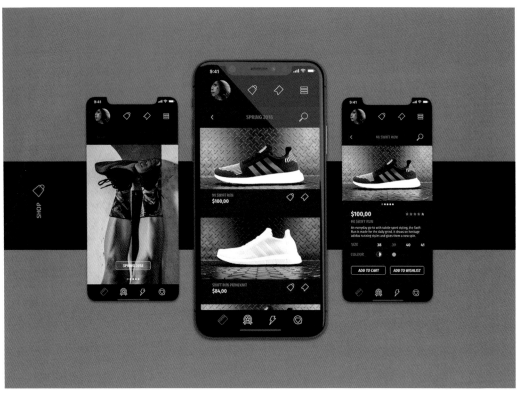

图 1.10　MiRun Running App 设计

图 1.11　产品设计

图 1.12　网页设计

2. 课后研讨

（1）学习设计为什么要先学习平面构成？学习完后就能做设计了吗？

（2）说说你喜欢的设计作品。

学习情境 2　点的构成

学习要点

- 了解点的概念。
- 了解点的视觉特征。
- 掌握点的构成方式。
- 理解点构成在设计中的运用。

任务描述

　　点构成是平面构成的基本造型要素，也是设计的基础元素，在对点的概念有了一定认识后，充分利用不同工具、不同表现手法去进行不同的点为基本元素的图形组合。

相关知识

1. 点的概念

　　点是最简洁的形态，是造形的原生要素。在几何学概念中，线与线相交的交点是点的位置。点是无形态的，没有大小面积。而作为造型要素的"点"是有面积、形态和位置的视觉单位，形态以圆形居多，其他形态的点还具有方向性。

　　自然界中的星星、露珠、雪花、卵石，以及大海中的帆船、草原上的牛羊、大街上的人群等，都是点的视觉印象。在平面构成中，点的概念只是一个相对概念，它是在比较中存在的。就大小而言，点的大小不能超过视觉单位"点"的限度，超过就失去了点的性质，而形成面了。一般来说，点越小，点的感觉越强;点越大，点越具有面形的感觉，同时点的感觉相对减弱。但圆点情况较为特殊，不论它有多大，仍会给人以点的感觉。

2. 点的视觉特征及位置

　　点的形态是相对的，分为几何形态和自然形态。在几何形态中，有方、圆、三角等形态。不同的形态在视觉上反映不同的特征与个性。如圆点给人以饱和、圆满的印象;

方点使人感到坚实、安定、稳重；三角常常使人产生一种尖锐感，与圆、方相比，它常带有一定的方向性。而自然形态的点则是千变万化。点有自己的特征与情感，点的大小、疏密、方向等的不同组合能展示出不同的节奏与韵律。点是非常灵活的要素，即使很小的点，也具有放射力。

图 2.1　不同形态的点具有不同的性格

（1）当点居于画面中心位置时，最稳定，与画面的空间关系显得和谐。

（2）当点位居画面边缘时，就改变了画面的静态关系，形成了紧张感而造成动势。

（3）画面中有另一个点产生时，便形成了两点之间的视觉张力。人的视线就会在这两个点之间来回流动，形成一种新的视觉要素。

（4）两个点有大小区别时，视觉就会由大的点向小的点流动，潜藏着明显的运动趋势。

（5）画面中有三个点时，视线就在这三个点之间流动，令人产生三角形面的联想。

图 2.2　点的位置关系不同所引起的不同视觉感受

3．点的构成方式

（1）相同面积的点有秩序地按照一定方向进行"等间隔、规律间隔"的排列，给人的视觉留下一种由点的移动而产生线化的感觉。

图 2.3　点的规律排列

（2）相同面积（大小）的点无秩序的构成。

图 2.4　相同面积点的无序排列

（3）不同面积、疏密的混合排列使之成为一种散点式的构成形式。

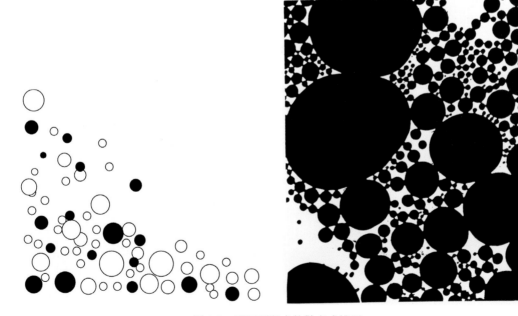

图 2.5　不同面积点的散点式排列

（4）由大到小的点按照一定的轨迹、方向进行变化，产生一种优美的韵律感。

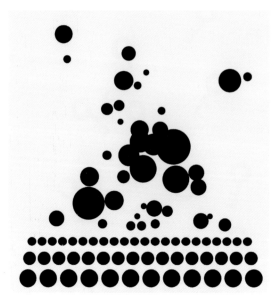

图 2.6　点的韵律感

（5）点的面化。点的移动产生线，许多点的聚集又形成面的效果；另外，点的大小或配置上的疏密，还会给面带来起伏的层次感。

图 2.7　点的面化

任务实施

1．徒手表现的点

用不同的工具、不同的手法进行"点"的形态造型。要求从点的大小、形状、肌理效果、组织形式诸方面进行思考。

完成该任务的注意事项：

（1）利用从商店买到的工具（如铅笔、钢笔、毛笔、炭笔等常规工具）和自己创造的工具（如取用一根木条、树枝、麻绳等蘸上墨汁作图，其效果可能与任何一种其他工具都不一样）进行点的表现。

（2）作业数量：8 ～ 12 张。

（3）作业尺寸：10cm×10cm。

步骤一：用美工刀将白色素描纸裁成 10cm×10cm 大小的正方形纸片多张备用。

步骤二：利用手中的工具对相同的点、不同的点进行规则的、不规则的、不同效果、不同组合形式的尝试。

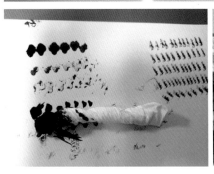 

图 2.8　不同的工具

图 2.9　点的表达

图 2.10　不同工具表达的点（学生习作）

图 2.11　不同工具表达的点（学生习作）

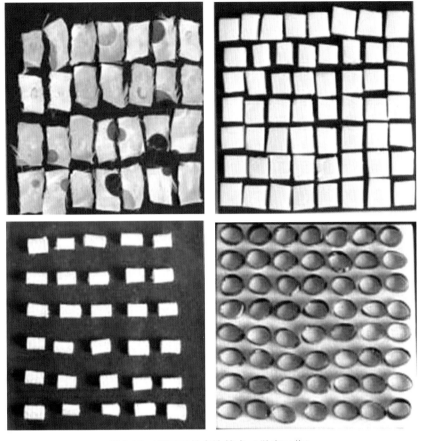

图 2.12　不同工具表达的点（学生习作）

2. 电脑的点

目前，随着电脑软件技术的发展，设计类软件已经成为创作实现的主要工具。对新工具、新技术的掌握成了教师教学的知识点，而新技术的发展也为学生拓展了创作的思路与空间。

电脑的创作形式与"徒手"的方式相比较，在感受与操作方式上会显得理性一些。电脑提供易于复制又可"反悔"的功能，在操作中能够把图形做得干净、工整，这是其显著特色。Photoshop、Illustrator、CorelDRAW、3ds max，应用软件可谓琳琅满目，它们的功能不尽相同，学生可根据自己的喜好和设计需求来进行选择。但这里仍然要强调，尽管软件的功能非常强大，但是它并不能代替你的创造力具有丰富的创意及敏锐的美的感性。实际上，在真正的设计需求中，没有绝对可靠的工具、方式、形式，一切都应该在人——设计师的把控之中。

用电脑进行点的构成练习，从对审美的要求到对形态构成的形式法则与前面的练习是一致的，不同只是工具以及工作方式发生了变化，让学生尽情享受每一种工具带来的优势。

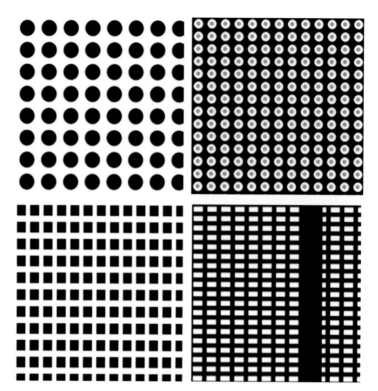

图 2.13　电脑中的点（学生习作）

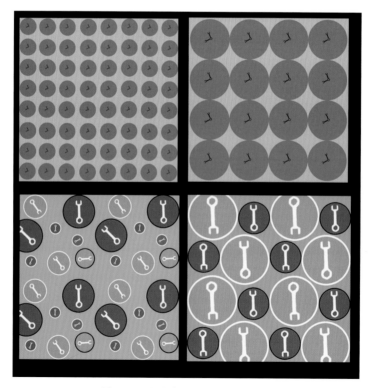

图 2.14　电脑中的点（学生习作）

图 2.15 电脑中的点（学生习作）

图 2.16　电脑中的点（学生习作）

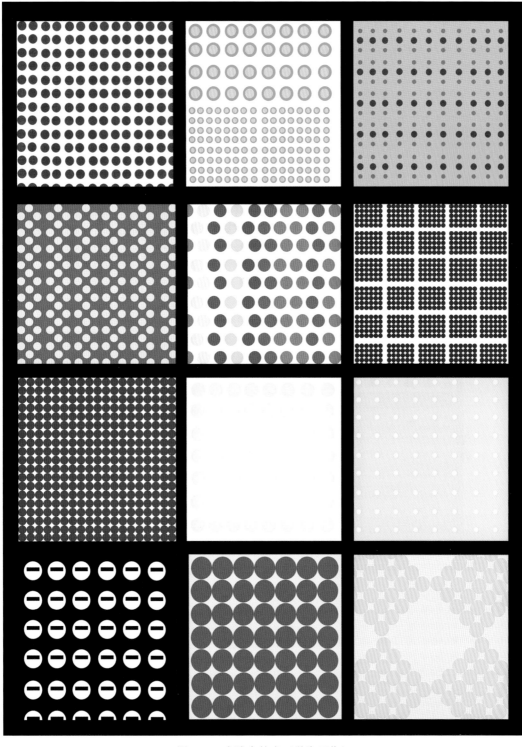

图 2.17　电脑中的点（学生习作）

图 2.18　电脑中的点（学生习作）

考核要点

　　该学习情境，做的是有关点的练习，积极引导学生，在一种"放松"的气氛中达到教学目的。在学习过程中做到"寻找感觉、研究逻辑、掌握方法"。在该学习情境中主要对以下项目进行过程考核：

　　（1）工具的寻找、不同工具所产生的不同效果。

　　（2）点构成的表现手法。

　　（3）在此学习情境中会涉及图形构成（骨格）和形式美法则的知识，在练习中引导学生关注这些问题，积极思考。

知识链接与能力拓展

1. 欣赏点形态在设计中的运用

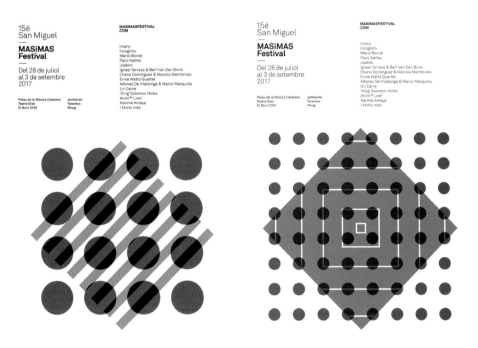

图 2.19　平面招贴设计（西班牙设计师 Quim Marin）

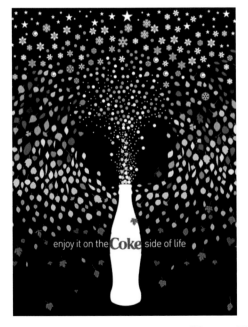

图 2.20　平面招贴设计

图 2.21　GOOD DAY 牛奶包装设计

图 2.22　草间弥生设计的 LV 作品——服装、手提包

图 2.23　品牌设计（美国 Event & Brand Posters）

图 2.24　草间弥生与 LV 合作——概念店

2. 课后研讨

（1）利用头脑风暴法思考，发现生活中点的众多形态。

（2）思考点的形态在设计中如何应用。

学习情境 3　线的构成

学习要点

- 了解线的概念。
- 了解线的种类。
- 掌握线的作用和属性。
- 理解线构成在设计中的运用。

任务描述

线构成是平面构成的基本造型要素，也是设计的基础元素。在对线的概念有了一定的认识后，充分利用不同的工具、不同的表现手法以线为基本元素进行图形组合。此外，在已完成的线的作业的基础上，以"线"为构成元素，以黑白的形式完成一次性杯子的设计。

相关知识

1. 线的概念

点的移动形成线，线的移动形成面，面的移动便形成立体。线是点移动的轨迹，有长度、方向和形状。与点强调位置与聚集不同，线更强调方向与外形。

2. 线的种类

线的形态有直线和曲线两种，直线如平行线、垂直线、折线、斜线等。曲线又分为开放的曲线（弧、漩涡线、抛物线、双曲线等）和封闭的曲线（圆、椭圆、心形等）。

线又可分为有形的线和无形的线两种。有形的线是直观可视的，如直线、曲线、弧线等。无形的线则需要经过观察、分析和研究后才能发现，但它是客观存在的，例如鸟类飞行的轨迹、烟雾的飘动、人的视线的移动等。

设计线构成，关键在于把握线形态的性格表现。

垂直线：赋予生命力、力度感、伸展感。

水平线：稳定感、平静、呆板。

斜线：运动感、动向、方向感强。

折线：方向变化丰富，易形成空间感。

几何曲线：弹力、紧张度强，体现规则美。

自由曲线：自由、潇洒、自如、随意、优美。

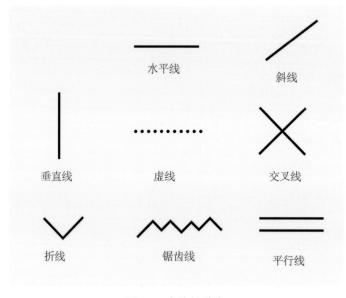

图 3.1　直线的种类

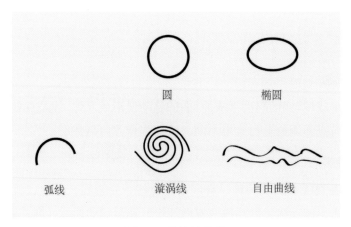

图 3.2　曲线的种类

3. 线的作用和属性

"封闭的线形成形"，可见线在造型上具有十分重要的作用，线是物体抽象化表现的有力手段，插图、标志、记号、文字，这些形都是用线来体现的。另外，如果脱离具体的形来观察的话，可以发现，线本身就具有卓越的造型力，纯粹"线"构成的作品也具有相当动人的力量。

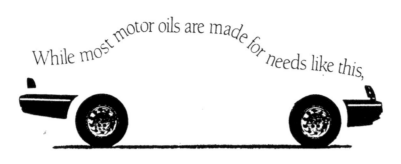

图 3.3 封闭的线形成形

（1）线的粗细。粗线有力，细线尖锐而神经质，又具有速度感。线的粗细可产生视觉上的远近关系。粗线条和细线条排列在一起时，粗线条感觉靠前，而细线条感觉靠后。

（2）线的浓淡。当线的粗细和长短一定时，颜色较为浓重的线条比颜色较为轻淡的线条显得近一些。

（3）线的间距。将粗细、长短、明暗等一切条件都相同的线配置在一起时，间隔狭窄的线群比间隔较宽松的线群显得远一些，利用这一视觉原理，可以设计出具有强烈透视感和立体感的画面。

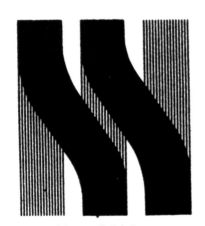

图 3.4 线的粗细

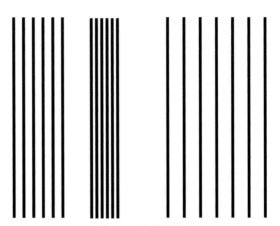

图 3.5 线的间隔

4．线的构成方式

线最常见的构成形式为规则构成和自由构成，如单用直线的表现、单用曲线的表现、直线与曲线的组合表现等，运用时处理好线的长短、粗细、疏密、方向、肌理、形状、线形组合的不同等来创造线的形象，就能表现不同线的个性，反映不同的心理效应。

（1）规则构成。按照一定的秩序编排骨格线性的变化，画面具有强烈的节奏感。

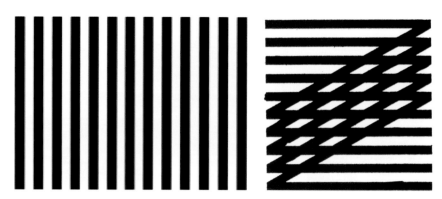

图 3.6　线的规则构成

（2）自由构成。自由地、不受拘束地表现线的韵律节奏。

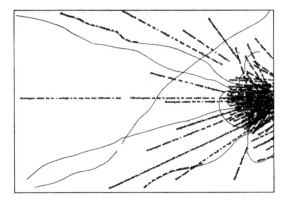

图 3.7　线的自由构成

（3）线的面化。线如果大量密集，会形成面的感觉。线越粗，排列越密，面的感觉越强。

图 3.8　线的面化

（4）消极的线。所谓消极的线，是指不直接画线，而采用一些间接的巧妙手法来产生视觉上的线，常常采用的手法有间隙、错位、重复、截断等，产生连续或不连续存在的线条感觉。

图 3.9 消极的线

任务实施

任务 1：用不同的工具、不同的手法进行"线"的形态造型。要求从线的粗细、线形、肌理效果、组织形式诸方面进行思考。

完成该任务的注意事项：

（1）在进行了工具与点的练习，积累了一定的经验之后，在进行线的练习中，注意对线进行组合并尝试在简单的组合中让图形"说话"。

（2）作业数量：8 幅。

（3）作业尺寸：10cm×10cm。

步骤一：用美工刀将白色素描纸裁成 10cm×10cm 大小的正方形纸片多张备用。

步骤二：对相同的线、不同的线进行有规则的、不规则的、不同表现效果、不同组合形式的尝试。

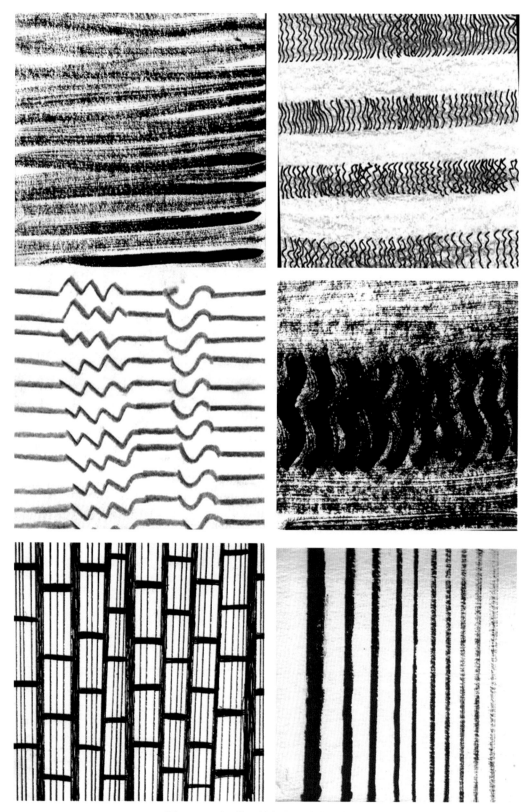

图 3.10　不同线形的组合（学生习作）

图 3.11　不同线形的组合（学生习作）

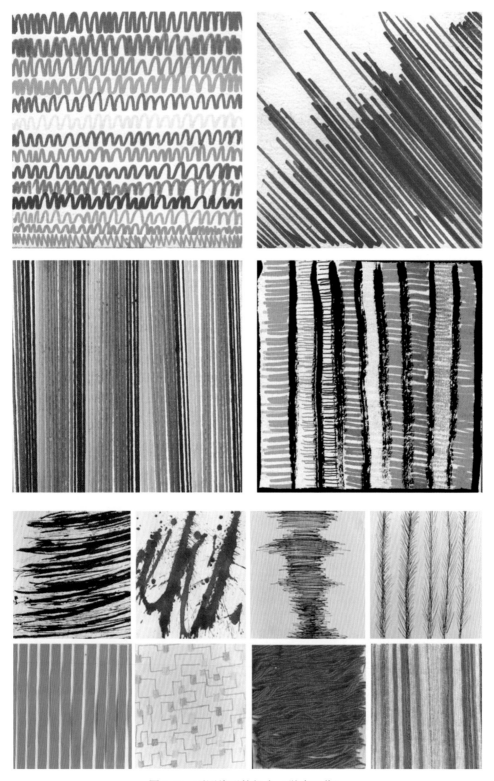

图 3.12　不同线形的组合（学生习作）

任务 2：以"线"为设计元素，用黑白的形式完成三个一次性杯子的设计。

完成该任务的注意事项：

（1）工具准备：铅笔、针管笔、200 克（或 250 克）白色铜版纸。

（2）作业数量：3 幅。

（3）作业尺寸：10cm×10cm。

步骤一：用美工刀将白色铜版纸裁成 10cm×10cm 大小的正方形纸片多张，再裁成上端口为 8cm，下端口为 4cm 的水杯造型备用。

步骤二：以线为造型要素，用黑色针管笔在水杯纸型上进行水杯设计。

图 3.13 水杯设计（学生习作）

考核要点

在该学习情境中积极引导学生从线的造型、技法、构成的方式上取得画面的独特美感，主要对以下项目进行过程考核：

（1）用不同的工具、不同的手法进行线的形态造型。强调从线的粗细、线形、肌理效果、组织形式诸方面进行思考和考核。

（2）在做纸杯设计的练习中让学生体验小小"准设计师"的感受，理解线构成的表现手法以及线作为设计语言在设计中的应用。

知识链接与能力拓展

1．趣味性线条轨迹的实现

实现软件：Illustrator

● 按快捷键 Ctrl+D

（1）新建一个图形文件，用工具箱中的"椭圆工具"绘制一个窄长的椭圆，选中工具箱中的"旋转工具"，用鼠标在椭圆中心上单击设置旋转中心点，然后在"旋转工具"上双击鼠标，打开"旋转"对话框，"旋转角度"设置为 5，单击"复制"按钮，一个以中心为中心旋转 5 度的新的椭圆出现了，如图 3.14 所示。

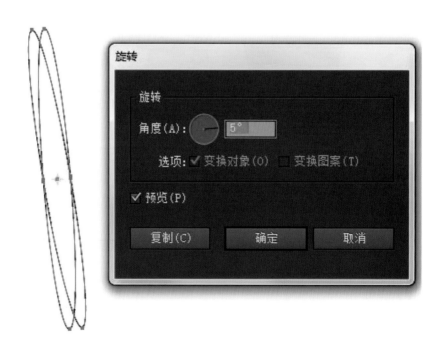

图 3.14　旋转

（2）重复按快捷键 Ctrl+D，每按一次就会复制出一个椭圆形，效果如图 3.15 所示。

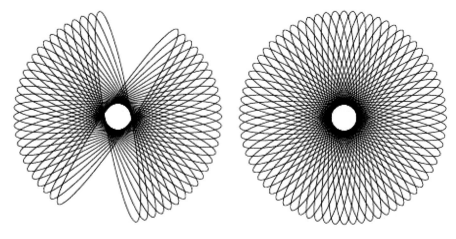

图 3.15　复制椭圆形

（3）用"选取工具"将形成圆形轨迹图案的所有椭圆都选中，选择"对象"→"编组"命令将它们组成一组，再将整个组合复制两次，逐一缩小，构成如图 3.16 所示的效果，在黑色背景上效果会更强烈一些。

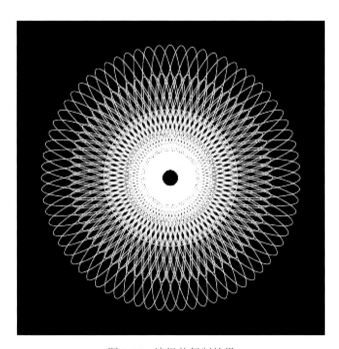

图 3.16　编组并复制效果

（4）再做另一个实验。将上述图形单元换为一条曲线路径（如图 3.17 所示），用"选取工具 1"选中路径，按住 Alt 键向右下稍微移动路径可以复制出一条路径，重复按快捷键 Ctrl+D，可以看到曲线重复排列所形成的优美线条效果，如图 3.18 所示。

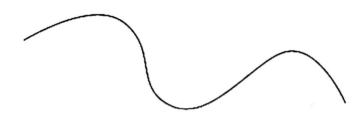

图 3.17　曲线

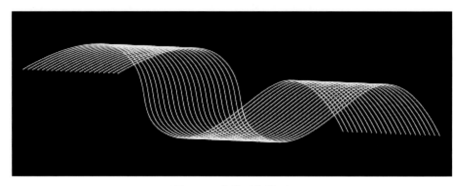

图 3.18　曲线重复排列

● 按"~"及"左右上下方向键"

（1）选用工具箱中的"星形工具"绘制一个简单的星形图案，在绘制过程中按下键盘上的上移键可以增加星形的角数，按下移键可以减少星形的角数。

（2）绘制星形的同时不要松开鼠标，按住"~"键并拖动鼠标任意移动或旋转角度，可以同时绘制出多个图形，形成一种奇妙的重叠效果，如图 3.19 所示；同样的方法也适用于圆形、矩形、线条等基本绘图工具，不同的基本形状会产生完全不同的效果。

图 3.19　重叠效果

如图 3.20 所示，基本形为用"螺旋线工具"绘制的一条螺旋线。

图 3.20　线条轨迹

2. 线形态在设计中的运用

图 3.21　新百伦标志

图 3.22　阿迪达斯三叶草标志

图 3.23　1984 年洛杉矶奥运会标志

图 3.24　标志设计

图 3.25　可口可乐招贴设计

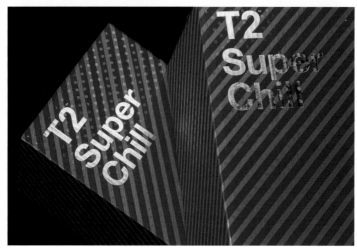

图 3.26　包装设计（澳大利亚 T2 茶 2018 系列）

图 3.27　建筑设计（密尔沃基美术馆）

图 3.28　杂志内页设计

图 3.29　品牌设计（日本北海道 An Indigo Wave）

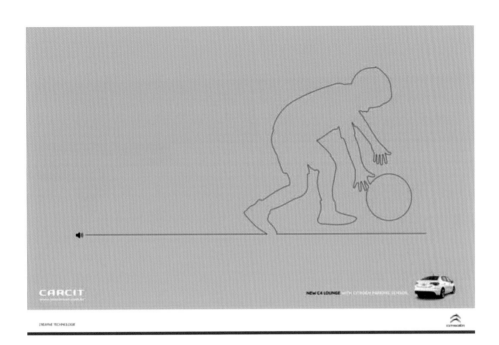

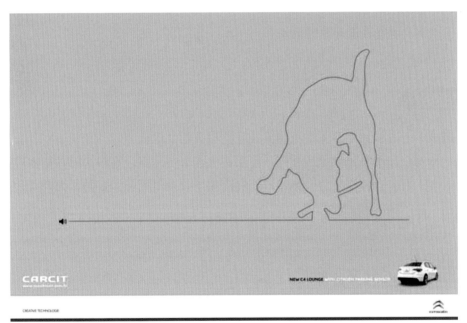

图 3.30　CARCIT 平面广告设计

3．课后研讨

（1）思考线在几何学和造型学中的意义如何区别。

（2）利用电脑绘图软件提供的各种便利，结合手、纸、笔进行创造性的配合，发掘线丰富的视觉形态。

（3）讨论如何把线的构成元素合理地运用在自己的设计作品中。

学习情境 4　面的构成

学习要点

- 了解面的概念。
- 了解面的种类和特性。
- 掌握图底关系。
- 理解面构成在设计中的运用。

任务描述

　　面构成是平面构成的基本造型要素，也是设计的基础元素，面积的大小、分布、空间关系在图形中起着举足轻重的作用，几乎在大部分情况下，面积的问题都左右着画面的效果。要求取黑白方形作分割练习，研究面积的大小对画面的影响，并利用这一练习说明"图"与"底"的概念。

相关知识

1. 面的概念

　　面，是线移动的轨迹。在几何学中，面有长度和宽度，而没有厚度。造型学的观念认为，具有充实的块状特征的构成元素都可以称为面。直线平行移动形成长方形，直线旋转移动形成圆形，自由弧线移动构成有机形，直线和弧线结合移动形成不规则的形。在视觉上，任何点的扩大和聚集，线的加宽或围合都形成了面。面具有充实、稳重、整体的视觉特征。

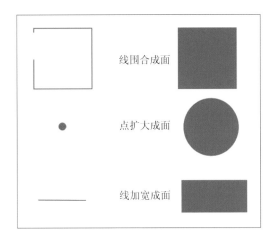

图 4.1 面的形成

2. 面的种类和特性

面的形态是多种多样的，不同形态的面在视觉上有不同的作用和特征，而且也带有不同的个性和表情。面主要有以下几种形态：

（1）几何形态：是以数学的方法求出的具有简洁明了、稳定而具有秩序感等特点的形态，如方形、三角形、圆形等形态。

（2）自然形态：又称有机形态，是存在于自然界的各种合理自然形态。如漂浮于水面的油迹、沉于水底的鹅卵石等，具有淳朴明快、丰满、圆润的视觉特征。

（3）偶然形态：是自然或人为偶然形成的形态，具有随意及不可复制的特性。如墨水无意晒落在纸上形成的黑斑等。与几何形态相比，偶然形态更具有情感性和联想性。

（4）不规则形态：人为有意识控制且故意创造的不规则形态。极其自然地流露出作者的个性和情感。

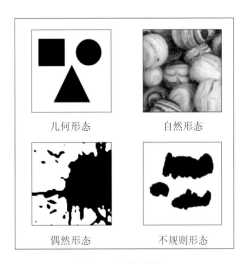

图 4.2 面的形态

3. 图与底

图形与底的角色互换的构成形式称为图与底构成形式。利用这种构成形式设计的图又称为共生图形。任何图形都是由图与底两部分组成。在设计中，成为视觉对象主体称之为图，其周围的空间称之为底。图与底的关系是互补互存的关系，"图"是正像，"底"则是负像，它们是一对守恒的空间。由于观察者的注意力在图与底之间转换，图与底的意义也发生转换，当原先的图一返成底，原先的底则赫然成图。如著名的鲁宾之杯就极为经典地反映了图与底的反转错视现象。在造型行为中，人们往往会注意"图"本身的造型，而忽视对剩余空间即"底"的把握。没有合理把握"底"的面积分布关系，使得"图"的作用无法发挥到最佳状态。

图4.3 鲁宾之杯

图4.4 水杯（福田繁雄）

任务实施

对9cm×9cm的黑白色方形做分割练习，以寻求新的面积、空间关系。黑白两种纸代表了明度关系的两极，利用这两个元素在练习中讲解图底关系。

完成该任务的注意事项：

（1）这个练习简单、快速、易操作，不需要特殊的工具，也没有复杂的操作程序，只用黑纸、白纸、美工刀、固体胶或双面胶等简单的工具，以切割、粘贴的方式完成。

（2）作业数量：20幅。

（3）作业尺寸：9cm×9cm。

取黑白纸各一张，将上面的一张经过思考置放于"底"上，截去超出底的部分。作业分四个步骤进行，是一个由浅入深的系列练习。

步骤一：对黑白各一个方形错位重叠，截取方形。

步骤二：对两个方形中的一个进行一次切割，使其中一部分移位后，完成方形截取。

步骤三：对两个方形中的一个进行两次切割，与另一个方形重新组合后，截取方形。

步骤四：对两个方形中的一个进行多次自由切割，与另一个方形重新组合后，截取方形。

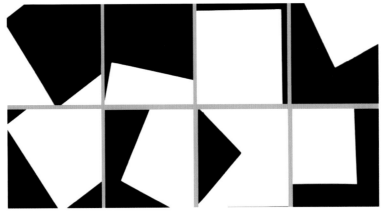

图 4.5　错位与一次切割练习

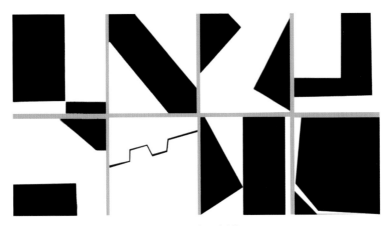

图 4.6　一次切割练习

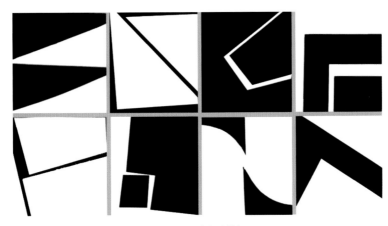

图 4.7　二次切割练习

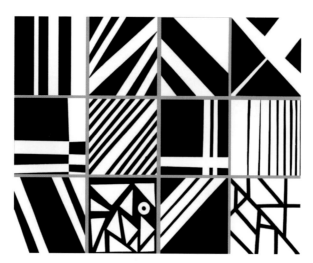

图 4.8　多次切割练习

考核要点

在该学习情境中，任务实施快速、易操作，作业的目的不是简单地完成作业，而是对以下方面进行过程考核：

（1）图与底相辅相成的关系。

（2）面积关系在画面中的重要性，大小面积的组合给画面带来的不同视觉效果。

知识链接与能力拓展

1. 欣赏面形态在设计中的运用

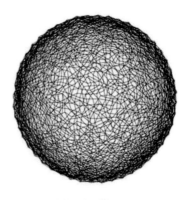

图 4.9　德国第二大有限电视公司标志　　　　图 4.10　哥本哈根气候大会标志

图 4.11 优秀招贴设计

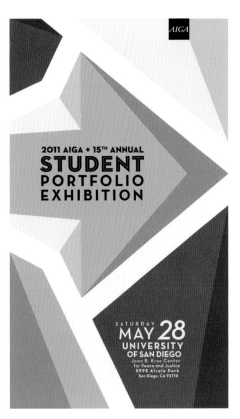

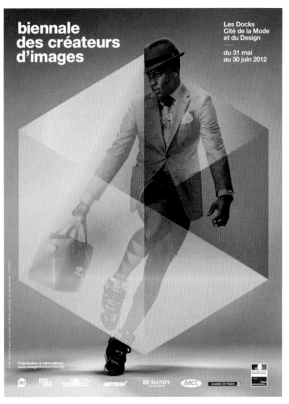

图 4.12 优秀招贴设计

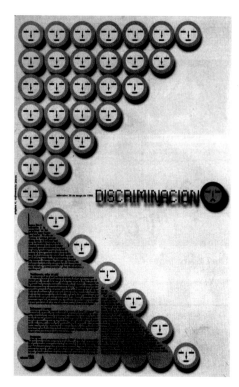
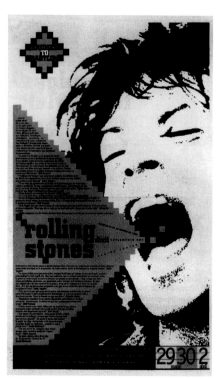

图 4.13　报纸广告

图 4.14　网页设计（俄罗斯设计师 Maxim Nilov）

图 4.15　网页设计（俄罗斯设计师 Maxim Nilov）

2. 课后研讨

（1）面的形态有怎样的特性和变化。

（2）讨论如何把面的构成元素合理地运用在自己的设计作品中。

（3）简述点、线、面三者之间的相互关系。

学习情境 5　平面构成的基本形式——骨格

学习要点

- 了解基本形的概念。
- 理解基本形的组合关系及组合形式。
- 了解骨格构成的定义。
- 理解骨格构成的分类。
- 理解骨格构成的运用。

任务描述

在进行艺术设计时，基本形是构成图形的基础，而骨格是造成形态空间变化的基本编排单位，通过基本形和骨格两者的合理、灵活运用，能使平面构成作品富于表现力和生命力。这里以电脑设计软件为工具设计出基本形，基本形排列的方向、角度、距离不同，从而形成新的图形变化，引导学生从作业练习向艺术设计过渡。

相关知识

1. 基本形的概念

基本形即构成图形的基本单位，由一组相同或相似的形象组成，在构成内部起到统一的作用。基本形设计以简为宜，一个圆点、一个方块或一条线段等都可以作为基本形。

2. 基本形之间的关系

在平面构成中，由于基本形的相遇所产生的形与形之间的组合关系主要有以下几种：分离、接触、相交，相交里又可分为覆叠、透叠、差叠、联合、减缺、重合。

（1）分离　形与形之间互不接触，始终保持一定距离。

（2）接触　形与形的边缘恰好相切。

（3）覆叠 一个形象重叠在另一个形象上，由此产生上下、前后的空间关系。

（4）透叠 形与形之间的相互交叠处产生透明感觉，而形象无前后之分。

（5）差叠 形与形的相互交叠处产生出一个新的形象，其他不交叠的部分消失不见。

（6）联合 形与形相互结合成为另一个大的基本形。

（7）减缺 一个形象重叠在另一个形象上，下面的形被上面的形减掉后形成新的形象。

（8）重合 形与形完全重叠，成为一个独立的形象。

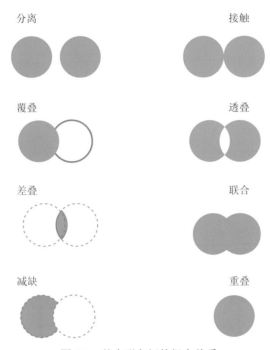

图 5.1　基本形之间的组合关系

3．基本形的组合方式

（1）规则排列：是指基本形的平行对称排列，在方向上和位置上，可采取发射、移动或回转的形式，构成一种对称的图形。

（2）自由排列：是指多方向的自由排列，基本形可以采取对称排列，在方向上和位置上，可采取发射、移动或回转的形式，也可以采取不对称的自由形式，但一定要注意其平衡关系，构成的图形效果要稳定，造型要完美。

4．骨格的定义

骨格是构成图形的框架、骨架，是支撑构成形象的最基本的组合形式，它决定了图形在空间中的结构和形式。图形可以通过骨格在空间中获得有序的呈现。骨格由骨格框架、骨格线、骨格线之间相交的骨格点、点线分割出的骨格单位四部分组成。

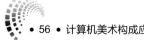
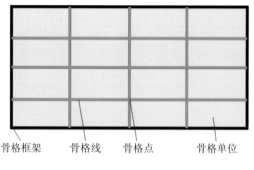

骨格框架　　骨格线　　骨格点　　　骨格单位

图 5.2　骨格的组成

5. 骨格的分类

骨格的结构形式引导基本形的编排，对画面的格式和气氛起到决定性的作用。按形体在空间中的排列方式，可分为规律性骨格和非规律性骨格。

（1）规律性骨格：以严谨的数字方式构成精确的骨格线。基本形按照骨格排列，具有强烈的秩序感。主要有重复、渐变、发射等骨格。规律性骨格有水平线和垂直线两个主要元素。若将骨格线在其宽窄、方向或线质上加以变化，可以得出各种不同的骨格排列形状。

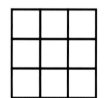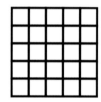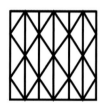

图 5.3　规律性骨格

（2）非规律性骨格：非规律性骨格一般没有严谨的骨格线，按照视觉分布，基本形可以较为自由地编排，体现了很大的随意性和自由性。如对比、密集骨格。

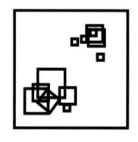

图 5.4　非规律性骨格

当基本形纳入骨格时，按照形体在空间中所占位置不同，骨格呈现出的状态在视觉上可分为作用性骨格和无作用性骨格。

（1）作用性骨格：又称显性骨格，以骨格线限定和管辖基本形，使基本形重复出现在有序的骨格框架中，产生统一有序的美感。作用性骨格中的基本形可以在骨格单位内自由移动，也可以超出骨格线，但超出的部分被骨格线删除。在骨格单位内基本形可自由改变位置、大小、方向、疏密、正负、色彩等。在实际应用中，骨格单位有多种形式，如长方形、三角形、米字形、菱形等，设计时根据需要结合具体要求和实际情况而定。

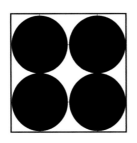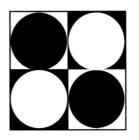

图 5.5　作用性骨格

（2）无作用性骨格：又称隐形骨格，是将基本形单位安排在骨格线的交点上。骨格线的交点，就是基本形之间的中心距离。当形象构成完成后，即将其骨格线去掉。其骨格线固定了基本形的位置，但不起划分骨格单位、分割背景的作用。无作用性骨格的表现手法主要靠基本形大小不同所形成的疏密关系的变化。

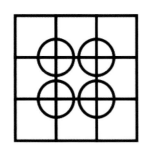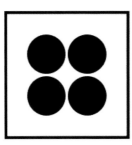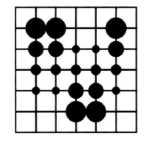

图 5.6　无作用性骨格

任务实施

用覆叠、透叠、差叠、联合、减缺等方式对基本形进行设计，并在画面中进行排列构成。

完成该任务的注意事项：

（1）实现工具：Illustrator 设计软件。

（2）排列数量：排列构成造型 5 ～ 10 个。

步骤一：运行 Illustrator 软件，运用相应的工具，使用覆叠、透叠、差叠、联合、减缺等方式设计出基本形。

步骤二：对基本形进行排列构成，排列时注意排列的方向、角度、距离等。

下面介绍箭头的变化组合（实现软件：Illustrator）。

（1）新建一个文件，用"钢笔工具"绘制一个箭头图形，将这个箭头图形作为单元图形，通过对它的复制、旋转、拼贴，可以构成无穷多种意想不到的新的形体。

（2）选中工具箱中的"镜像工具"，在黑色箭头右侧空白处单击设置一个点，此点代表映射的对称中心，按住 Alt 键，用鼠标拖动图形向右旋转，直到获得较为满意的位置后松开鼠标，这时出现一个镜像的箭头。

（3）选择"窗口"→"路径查找器"命令，打开"路径查找器"面板，此面板可以使许多简单图形移动拼接在一起，按住 Shift 键，用"选取工具"将两者都选中，然后单击"路径查找器"面板中"形状模式"下的第一个图标，此图标可以把选定的对象中有重叠的对象联合在一起，这样两个箭头就形成了一个完整的图形，如图 5.7 所示。

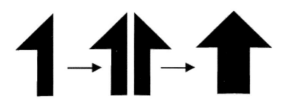

图 5.7　制作基本形

（4）将箭头旋转一定的角度，复制一份，进行左右镜像（应用工具箱中的"镜像工具"），重复上面的操作，将箭头进行线性的排列，效果如图 5.8 所示，按住 Shift 键，依次选中所有的箭头图形，选择"对象"→"编组"命令，将它们组成一组。

（5）对成组的图形进行复制、左右镜像和上下镜像，使两组图形能够恰到好处地拼接在一起，箭头单元形间自然形成了一定的空间形态，如图 5.9 所示。

图 5.8　编组　　　　　　　　　　　　图 5.9　拼接

（6）将两组图形进行反复复制和拼接，一个简单的箭头图形便最终构成了很有意思的格子结构，如图 5.10 所示。

图 5.10 格子结构

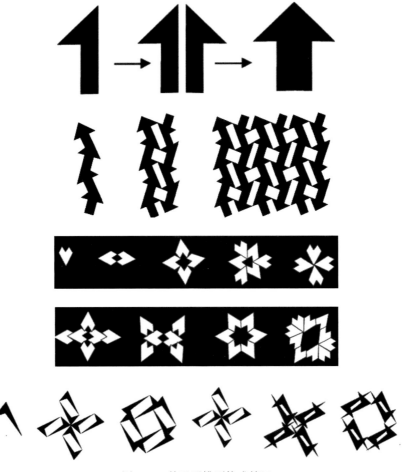

图 5.11 单元形排列构成练习

考核要点

在该学习情境中主要对以下项目进行过程考核：

（1）形态与形态之间的关系，在不断变化组合中，关注对象之间的关系：前后、虚实、大小等方面。

（2）注重基本形排列的方向、角度、距离，体验从一个基本形经过复制组合以后形成新的图形的变化过程，引导学生从作业练习向艺术设计过渡。

（3）图形组织、骨格关系不同，所产生的效果也不同。不同的骨格有不同的秩序、节奏关系，要求学生掌握骨格的基础知识，为后续的构成形式学习打下坚实的基础。

知识链接与能力拓展

（1）运用实测的方法，将设计好的基本形剪下来若干个，在画纸上进行排列构成。

（2）学生利用互联网及相关书籍资料，查询并研讨骨格在构成形式中的基本原理及实际运用。

学习情境 6　平面构成的基本形式——重复

学习要点

- ◎　了解重复的概念。
- ◎　掌握重复构成的形式。
- ◎　理解重复构成在设计中的运用。

任务描述

　　平面构成是使形象有组织、有秩序地进行排列、组合、分离，它们之间的不同组合将引起人们不同的心理感受。在进行艺术设计时，应掌握基本形式的规律和法则，更好地传达自己的创意。在平面构成中所罗列的骨格有许多种类，但从真正实用的角度来说，最重要的无非就是重复、渐变、特异、聚散等大的骨格规律。重复是相同元素的多次重复或空间均等的排列组织关系。利用单位形（如直线形、曲线形、偶发形、抽象形、文字、符号、图像等）进行重复构成，在设计过程中发现新的形态、新的视觉感受。

相关知识

1. 重复的概念

　　相同或相近的基本形和骨格连续地、有规律地反复出现叫重复。重复构成的形式就是把视觉形象秩序化、整齐化，在图形中呈现出和谐统一、富有整体的视觉效果。

　　重复现象普遍存在于自然界和生活中。如自然界万物周而复始的更叠，有节奏、有规律的机械运动，室内装修的地砖，大型团体操等都是重复现象。重复是一种常见的设计表现手法，反复有序出现的形象极富节奏感与韵律感，易于加深人们对形象的识别和记忆。但一味单一重复而无变化，难免产生呆滞乏味之感。因而在设计中，要在基本形的样式和重复构成的方式两方面进行巧妙处理。

2. 重复构成的形式

在构成中，供重复用的基本形和重复的骨格都可以变化，看似简单的重复形式能有无穷的变化空间。

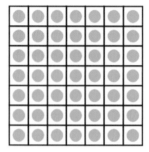
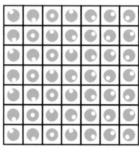
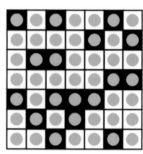

 骨格不变，单位形不变　　　　骨格不变，单位形微变　　　　骨格不变，单位形应用形式变

图 6.1　骨格不变，单元形的存在情况

单位形基本不变，骨格变化可能有两个结果：有规律变化骨格，成为渐变和发射；无规律骨格，就是集聚。

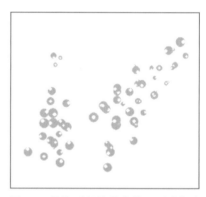

图 6.2　骨格有规律变化，形成渐变　　　　图 6.3　骨格无规律地变化，形成集聚

（1）基本形重复构成。在设计中，将一个核心基本图形进行连续不断的反复排列，称为基本形重复。大的基本形重复可以产生在整体构成后的秩序的美感；细小、密集的基本形重复可以产生类似肌理的效果。

基本形重复又细分为单位基本形的重复（即一个形体反复排列）、基本图形组合的重复（即以多个形体为一组进行重复排列）和近似基本形的重复（将同中有异、异中有同的类似基本形反复排列，打破了重复构成单调重复的特点，使图形在谨慎、规范的重复之中表现出生动活泼的一面）三种。基本形的应用方式主要指基本形的排列和黑白关系。

基本形的重复还分为绝对重复和相对重复两种形式。绝对重复是指基本形始终不变的反复使用；相对重复是指基本形的方向、大小、位置等属性在重复中发生了变化，这也是重复构成中一种常用的创作手法。

单位形方向不变，骨格不变，单
位形应用的方向和形式不变的
重复构成

单位形不变，骨格不变，单位形
应用方向变化的重复构成。

单位形不变，骨格不变，单位形方
向、黑白关系变化的重复构成。

图 6.4　重复的单位形变化

（2）骨格的重复构成。构成中的骨格就是构成图形的骨架、框架，基本图形的排列是以骨架、框架为依据的。在有规律的骨格中，重复骨格是最基本的骨格形式，如果将骨格线加以一些巧妙的变化，就可以得到各种不同的更为自由的骨格排列形式，重复、近似、渐变、发射等构成方法，都属于骨格变化的构成。

图 6.5　重复骨格

（3）近似构成。近似构成是重复构成的轻度变化，即基本形的形象产生局部的变化，但又不失大型相似的特点。取得近似的要点是"求大同、存小异"，使大部分因素相同，小部分相异，方能取得既统一又富于变化的形式美感。

图 6.6　近似构成

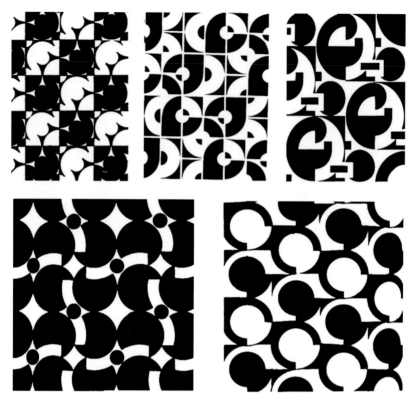

图 6.7　重复构成

任务实施

在限定空间里，利用形态（如直线形、曲线形、偶发形、抽象形、文字、符号、图像等）作为基本形完成重复构成一组，每组四个方案。

完成该任务的注意事项：

（1）实现工具：Photoshop 或 Illustrator 设计软件。

（2）作业数量：4 幅作品。

（3）作业尺寸：10cm×10cm。

在应用软件中实现重复构成。

利用"徒手"的方式实现重复构成，除"形"创造的趣味性外，学生作品的手工细致度也将极大地影响画面视觉效果。利用图形软件完成该作业，只需先在电脑里绘制一个单位形，然后用复制、粘贴、移动等几个基本的操作命令即可完成，整个过程耗时少，极大地提高了工作效率。

下面介绍在 Photoshop 软件中实现字母"m"的重复构成。

（1）新建一个图像文件，选择"选择"→"全选"命令将全图选中，将工具箱中的"背景色"设置为黑色，按 Delete 键将全图填充为黑色。

（2）用"文字工具"敲打出字母"m"，将其填充颜色设置为白色，用"矩形选取工具"以字母"m"形状为中心框选出一个矩形选区，选择"编辑"→"定义图案"命令，在弹出的"图案名称"对话框中为新的图案单元命名。

图 6.8 定义字母"m"图案

（3）按 Ctrl+A 键将全图选中，选择"编辑"→"填充"命令，在弹出的"填充"对话框的"使用"下拉列表中选择"图案"选项，在"自定图案"处选择在上一步骤中定义的图案单元，单击"好"按钮，白色的字母"m"被均匀、重复地排列于整幅图像中。

图 6.9 字母"m"图案的重复构成

图 6.10 方向变化的字母"m"图案构成

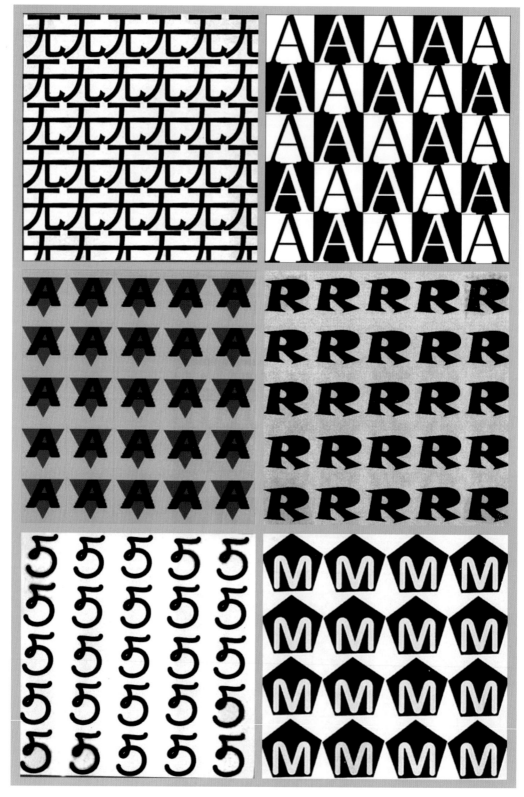

图 6.11　重复构成练习（学生习作）

图 6.12 重复构成练习（学生习作）

图 6.13　重复构成练习（学生习作）

考核要点

重复构成不是 1+1+1=3，而是 1+1+1 的结果里既有 3，也有 4、5、2、1 等，每个人答案的形式和数目是不同的。在任务实施中，利用一个简单的基本元素，通过重复构成形式，组成各种形态的画面。主要对以下项目进行过程考核：

（1）在重复构成的过程中发现新的形态、新的视觉感受。

（2）在教学中反复告诫学生不要只为做作业而做作业，更重要的是把规律、法则融入到自己的意识中。艺术设计中 1+1 不一定等于 2，设计法则是灵活多变的，要很好地进行理解。

知识链接与能力拓展

1. 欣赏重复构成在设计中的运用

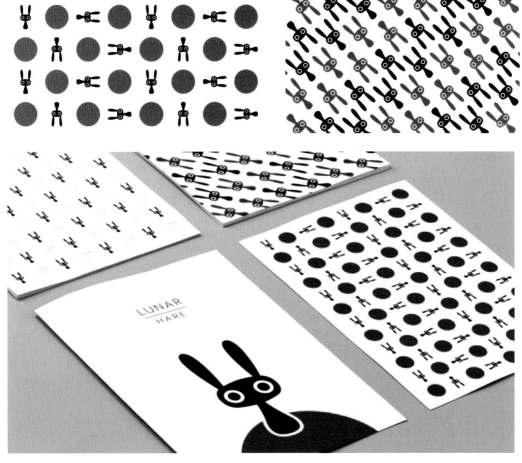

图 6.14　LUNAR HARE 玩具品牌 VI 设计

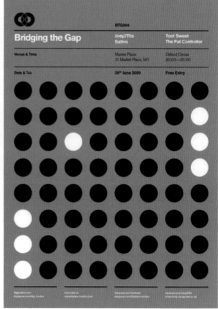

图 6.15　海报设计

图 6.16　重复构成在标志设计中的运用

图 6.17　建筑设计（旧金山绿色的城市系统）

图 6.18　包装设计（墨西哥海产品公司 Delamar）

2.　课后研讨

（1）思考重复构成的种类、意义和特性。

（2）变化所作基本形的重复排列方式并关注其画面的黑白关系。

学习情境 7　平面构成的基本形式——渐变

学习要点

- 了解渐变的概念。
- 掌握渐变构成的形式。
- 理解渐变构成在设计中的运用。

任务描述

　　平面构成是使形象有组织、有秩序地进行排列、组合、分离，它们之间的不同组合将引起人们不同的心理感受。在进行艺术设计时，应掌握基本形式的规律和法则，更好地传达自己的创意。在平面构成中所罗列的骨格有许多种类，但从真正实用的角度来说，最重要的无非就是重复、渐变、特异、聚散等大的骨格规律。渐变是在"重复"的基础上有规律地变化，如对基本形的形状、大小、方向、间距、色彩的渐变重复关系。在限定空间里，利用形态（如直线形、曲线形、偶发形、抽象形、文字、符号、图像等）作为基本形完成渐变构成，让学生在制作渐变练习的过程中发现新的形态、新的视觉感受，并结合美的形式法则引导学生灵活运用。

相关知识

1. 渐变的概念

　　渐变是指基本形或骨格逐渐地、有规律地循序变化，它的特征是由一组图形来表示一个逐渐变化的过程，在人的视觉上能产生节奏感和韵律感，如图 7.1 所示。渐变在日常生活中极为常见，如自然界中物体近大远小的透视现象、月亮的盈亏圆缺、同心圆的水波纹层层扩散等。

图 7.1　渐变

2. 渐变构成的形式

渐变构成是指一种把基本形按大小、方向、虚实、疏密、形态、色彩等关系进行渐次变化与排列的构成形式。渐变构成有两种形式：一种是通过基本形的有秩序、有规律的变动（如大小、方向、位置等）取得渐变效果；另一种是通过变动骨格的水平线、垂直线的疏密比例取得渐变效果。

（1）基本形的渐变。基本形的渐变是指基本形的形状、大小、方向、位置、色彩逐渐变化。

- 形状渐变：由一个形象逐渐变化成为另一个形象，有具象形渐变和抽象形渐变两种形式，如图 7.2 所示。

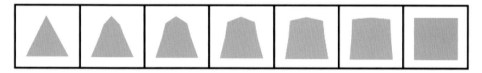

图 7.2　形状渐变

- 大小渐变：依据近大远小的透视原理，将基本形作大小序列的变化，给人以空间深度之感，如图 7.3 所示。

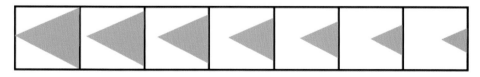

图 7.3　大小渐变

- 方向渐变：将基本形作方向、角度的变化，会使画面产生起伏变化，增强立体感和空间感，如图 7.4 所示。

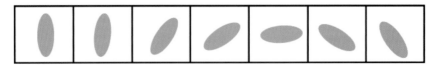

图 7.4　方向渐变

● 位置渐变：将基本形在画面中或骨格单位的位置上作有序变化，使画面产生起伏波动的视觉效果，如图 7.5 所示。

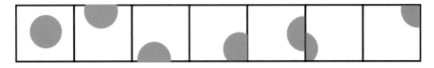

图 7.5　位置渐变

● 色彩渐变：基本形的色彩由明到暗渐次变化，如图 7.6 所示。

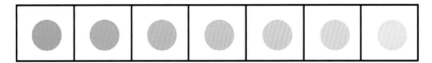

图 7.6　色彩渐变

（2）骨格的渐变。骨格的渐变是指重复骨格线的位置逐渐有规律的循序变动。

● 单向渐变：也叫一元渐变，就是仅用一组骨格线进行渐变。

● 双向渐变：也叫二元渐变，即用两组骨格线进行渐变。

● 阴阳渐变：骨格线本身有粗细、宽窄的渐变。

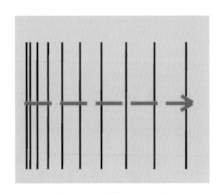

图 7.7　骨格单向渐变

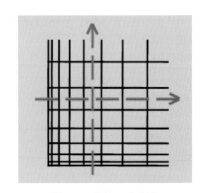

图 7.8　骨格双向渐变

　　在渐变构成中，基本形或骨格线的变化，其节奏与韵律感的好坏是至关重要的。变化如果太快就会失去连贯性，循序感就会消失；变化如果太慢，又会产生重复感，缺少空间透视效果。

图 7.9　渐变构成

任务实施

在限定空间里，利用形态（如直线形、曲线形、偶发形、抽象形、文字、符号、图像等）作为基本形完成渐变构成一组，每组四个方案。

完成该任务的注意事项：

（1）实现工具：Photoshop 或 Illustrator 设计软件。

（2）作业数量：4 幅作品。

（3）作业尺寸：10cm×10cm。

图 7.10　渐变构成练习（学生习作）

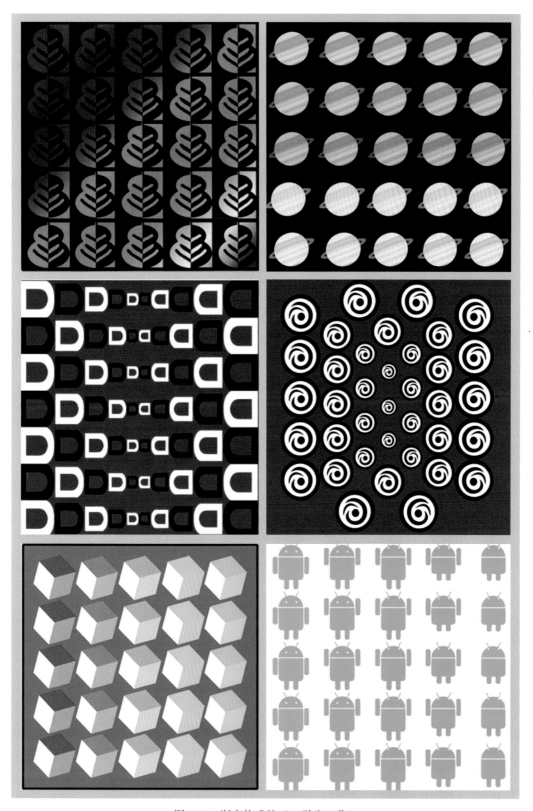

图 7.11 渐变构成练习（学生习作）

考核要点

在任务实施中，利用一个简单的基本元素，通过渐变构成形式组成各种形态的画面。主要对以下项目进行过程考核：

（1）在渐变的过程中发现新的形态、新的视觉感受。

（2）采用具象图形、渐变骨格、几何图形来表现渐变要注意节奏的连续性、循序感。每一个形象都可以由完整至残缺、由简单至复杂、由具象至抽象渐变成其他任何形象。

（3）在教学中反复告诫学生不要只为做作业而做作业，更重要的是把规律、法则融入制自己的意识中。艺术设计中 1+1 不一定等于 2，设计法则是灵活多变的，要很好地进行理解。

知识链接与能力拓展

1. 欣赏渐变构成在设计中的运用

图 7.12　标志设计

 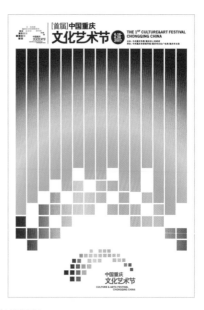

图 7.13　海报设计

图 7.14　海报设计（西班牙设计师 Quim Marin）

图 7.15　地产招贴

2．课后研讨

（1）思考渐变构成的种类、意义和特性。

（2）收集各类设计作品，并分析渐变构成是如何运用在设计中的。

学习情境 8　平面构成的基本形式——特异

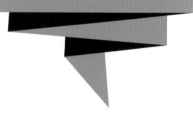

学习要点

- 了解特异的概念。
- 掌握特异构成的形式。
- 理解特异构成在设计中的运用。

任务描述

平面构成是使形象有组织、有秩序地进行排列、组合、分离，它们之间的不同组合将引起人们不同的心理感受。在进行艺术设计时，应掌握基本形式的规律和法则，更好地传达自己的创意。在平面构成中所罗列的骨格有许多种类，但从真正实用的角度来说，最重要的无非就是重复、渐变、特异、聚散等大的骨格规律。特异是一种在"规则"中求"不规则"，在有序中求变化，有意识地制造特殊视点，起到"画龙点睛"或是"聚焦"作用的法则。在限定空间里，利用形态（如直线形、曲线形、偶发形、抽象形、文字、符号、图像等）作为基本形完成特异构成，让学生在做特异练习的过程中发现新的形态、新的视觉感受，并结合美的形式法则引导学生灵活运用。

相关知识

1. 特异的概念

特异是指突破规律而发生的异形变化。特异构成是指在规律性骨格和基本形的构成内，变异其中个别骨格或基本形的特征，以突破规律性的单调感，使其形成鲜明的反差，增加趣味性，如图 8.1 所示。在自然界中如"万绿丛中一点红"、鹤立鸡群、特立独行、异军突起等都是不同形式的特异现象。

特异在平面设计中有着重要的地位，因为它能够引起人们特别的注意，变异的形体可采取特大、特小、特亮、变形等特殊处理手法，刺激人的视觉，产生强烈的视觉震撼力。

特异是相对的，是在保证整体规律的情况下，局部与整体秩序故意不和，但又与整体规律保持一定的联系，不能与整体完全脱离。

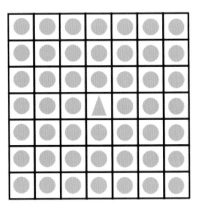

图 8.1　特异

2.特异构成的形式

特异构成的形式主要有基本形的特异和骨格的特异。基本形的特异包括大小特异、形状特异、色彩特异、方向特异等。

（1）基本形的特异。特异构成中大部分的基本形都保持着同一形状或符合同一规律，其中一小部分违反了规律和秩序，这一小部分是特异基本形，它能形成视觉的中心。

1）大小特异：指基本形在面积大小上的特异对比，使特异部分更加突出鲜明，以达到创作的目的。

2）形状特异：以一种基本形为主做规律性重复，而个别基本形在形象上发生变异，以形成差异对比，形成画面上的视觉焦点。基本形在形象上的特异能增加形象的趣味性，使形象更加丰富。

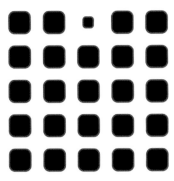

图 8.2　大小特异

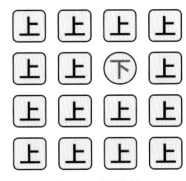

图 8.3　形状特异

3）色彩特异：基本形排列的大小、形状、位置、方向都一样的基础上，在色彩上进行变化来形成色彩突变的视觉效果。

图 8.4　色彩特异

4）方向特异：大多数基本形处于方向一致的有序排列中，少数基本形在方向上有所变化。

图 8.5　方向特异

（2）骨格的特异。在规律性骨格中，局部骨格单位在形状、大小、位置、方向等方面发生了变异，称为骨格特异。

图 8.6　骨格特异

任务实施

在限定空间里，利用形态（如直线形、曲线形、偶发形、抽象形、文字、符号、图像等）作为基本形完成特异构成一组，每组四个方案。

完成该任务的注意事项：

（1）实现工具：Photoshop 或 Illustrator 设计软件。

（2）作业数量：4 幅作品。

（3）作业尺寸：10cm×10cm。

图 8.7　特异构成练习（学生习作）

图 8.8　特异构成练习（学生习作）

考核要点

　　特异构成首先是以规律为依托，离开了规律也就失去了比较，更无所谓特异了；其次变化部分仅限于局部，如果任凭特异成分四处蔓延，也将否定特异其自身，特异是在适度调整中求取特殊的态势。在任务实施中，利用一个简单的基本元素，通过特异构成形式组成各种形态的画面。主要对以下项目进行过程考核：

　　（1）关注特异构成的形式，在特异练习的过程中发现新的形态、新的视觉感受。

　　（2）在教学中反复告诫学生不要只为做作业而做作业，更重要的是把规律、法则融入到自己的意识中。艺术设计中 1+1 不一定等于 2，设计法则是灵活多变的，要很好地进行理解。

知识链接与能力拓展

　　1. 欣赏特异构成在设计中的运用

图 8.9　标志设计

图 8.10　海报设计

图 8.11　海报设计（纳尔逊·曼德拉　自由的鸽子）

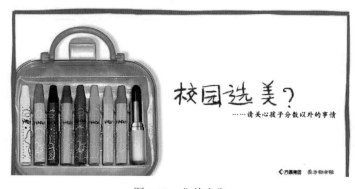

图 8.12　公益广告

2. 课后研讨

（1）　思考特异构成的种类、意义和特性。

（2）　收集各类设计作品，并分析特异构成是如何运用在设计中的。

学习情境 9　平面构成的基本形式——聚散

学习要点

- 了解聚散的概念。
- 掌握聚散构成的形式。
- 理解聚散构成在设计中的运用。

任务描述

　　平面构成是使形象有组织、有秩序地进行排列、组合、分离，它们之间的不同组合将引起人们不同的心理感受。在进行艺术设计时，应掌握基本形式的规律和法则，更好地传达自己的创意。在平面构成中所罗列的骨格有许多种类，但从真正实用的角度来说，最重要的无非就是重复、渐变、特异、聚散等大的骨格规律。聚散，是一种相对于其他规律而言更灵活、更自由、更多变的骨格。画面基本元素的主次、疏密、方向、面积、大小等的组织安排均能影响画面，使其产生新的画面节奏与构成关系。在聚散骨格中，协调画面的均衡关系。在限定空间里，以一个基本形为基点，充分运用不同的骨格规律，进行灵活多变的元素组合练习，让学生体会从规则骨格到自由骨格组合的变化，体会基本元素组织、骨格关系不同，所产生的效果也将不同。

相关知识

1. 聚散的概念

　　聚散，是一种相对于其他规律而言更灵活、更自由、更多变的骨格。在构成设计中，数量颇多的基本形在某些地方聚集起来，而在其他地方松散，疏与密、虚与实，是与空间对比密切相关的构成形式。

2. 聚散构成的形式

（1）预置形聚散。

1）点的聚散：概念点预置框格内各处，基本形趋附在这些点的周围，越接近这些点越聚集，越远离这些点越疏散。这个点可以是一个或 N 个，但不宜过多。

2）线的聚散：概念的线在框格内构成骨格，基本形趋附在这些线的周围，形成狭长的基本形的聚合地带，聚散的线可以是直线也可以是曲线，可以是单根也可以是多根。

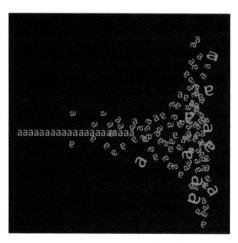

图 9.1　趋向点的聚散构成形式（学生习作）

（2）无定形聚散（自由聚散）。

在构成中不预置点与线，而是靠画面的均衡，即通过聚散基本形与空间、虚实等产生的轻度对比来进行构成。

基本形的密集，必须有一定数量、方向的移动变化，常带有从集中到消失的渐移现象。为了加强聚散构成的视觉效果，也可以使基本形之间产生覆叠、重叠和透叠等变化，以加强构成中基本形的空间感。

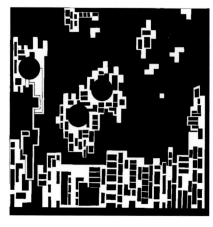

图 9.2　聚散构成

任务实施

在限定空间里，以一个基本形为基点，充分应用不同的骨格规律，进行灵活多变的元素组合练习，从规则骨格到自由骨格组合。

完成该任务的注意事项：

（1）实现工具：Photoshop 或 Illustrator 设计软件。

（2）作业数量：6 幅作品。

（3）作业尺寸：10cm×10cm。

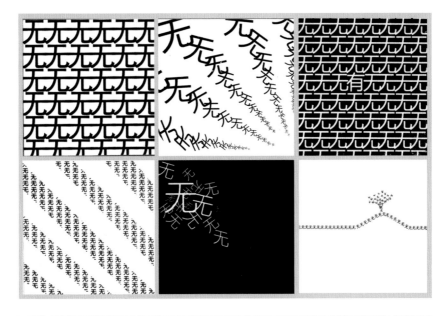

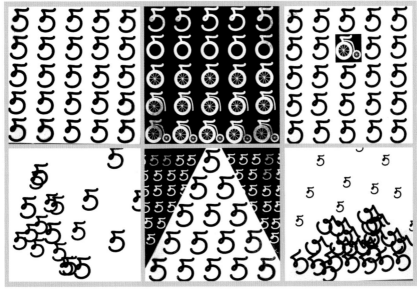

图 9.3　规则骨格到自由骨格组合练习（学生习作）

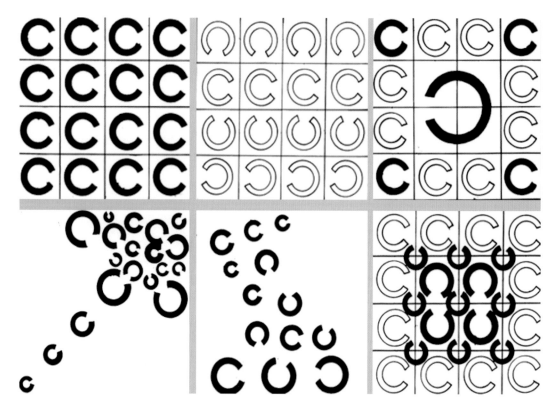

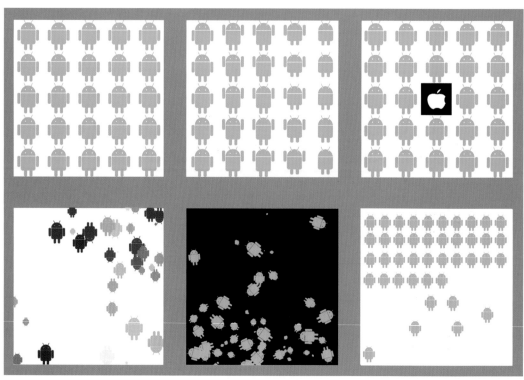

图 9.4　规则骨格到自由骨格组合练习（学生习作）

 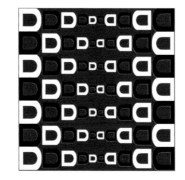 

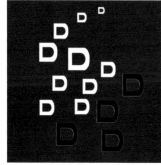 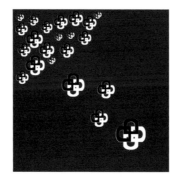 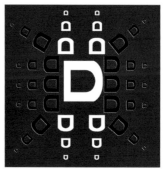

 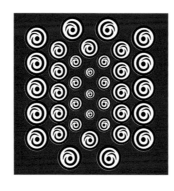 

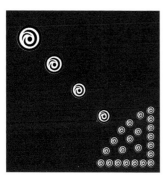 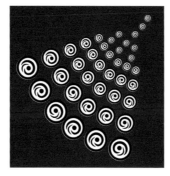 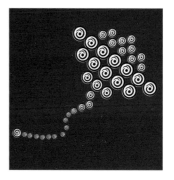

图 9.5　规则骨格到自由骨格组合练习（学生习作）

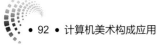
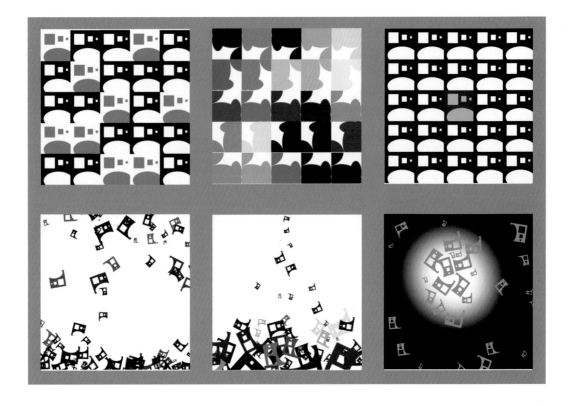

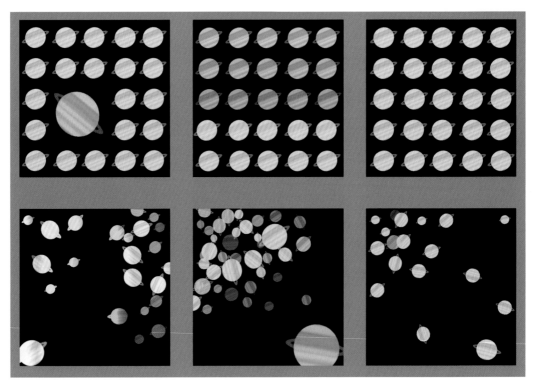

图 9.6　规则骨格到自由骨格组合练习（学生习作）

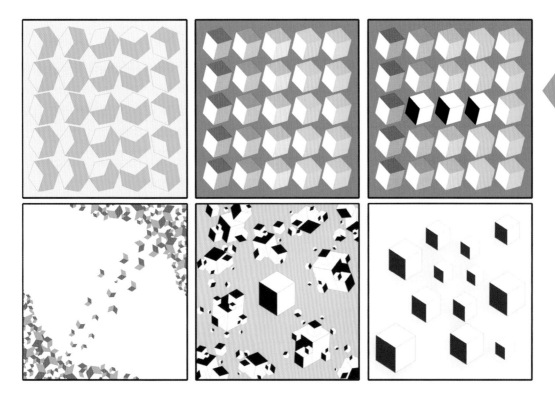

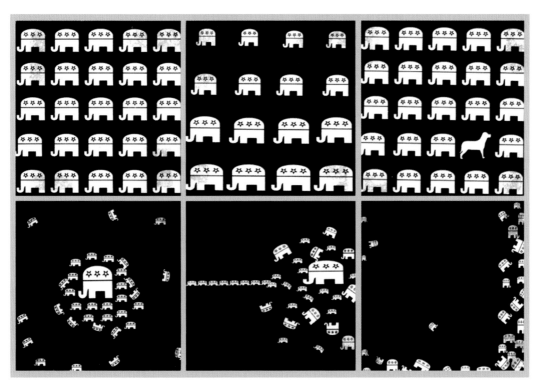

图 9.7　规则骨格到自由骨格组合练习（学生习作）

考核要点

这是一个综合性的任务，在该任务实施中，以一个基本元素为基点，充分应用不同的骨格规律，进行举一反三、灵活多变的元素组合练习。主要对以下项目进行过程考核：

（1）基本元素过于烦琐，排列组合会显得凌乱、复杂。因此，基本元素在形状上要尽可能简练、整体。

（2）基本元素组织、骨格关系不同，所产生的效果也不同。不同的"骨格"有不同的秩序、节奏关系，关注学生在创作中的灵活运用，以获得丰富多彩的效果。

知识链接与能力拓展

1. 欣赏聚散构成在设计中的运用

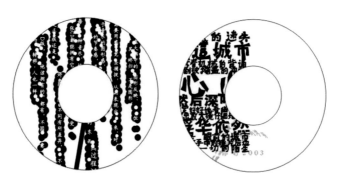

图 9.8　盘面设计

图 9.9　字体版式设计（匈牙利 Mazura）

图 9.10　海报设计（西班牙设计师 Xavier Esclusa Trias）

图 9.11　美国 Event & Brand Posters 品牌设计　　　　图 9.12　招贴设计

图 9.13　法国利莫内城市品牌设计

2．课后研讨

（1）思考平面构成中属于规律骨格表现形式的种类、意义与特性。

（2）分小组、设定不同的范围和主题，如海报设计、包装设计、标志设计等进行收集，分析构成的形式是如何应运用在设计中的，各小组之间互相展示交流收集的成果。

学习情境 10　平面构成的形式美法则

学习要点

- 了解形式美法则：对称与均衡、变化与统一、节奏与韵律、对比与调和、条理与反复的概念、形式。
- 理解平面构成形式美法则在设计中的运用。

任务描述

美的规律存在于大自然之中。人类最初对美的认识来源于自然界的均衡、对称、调和、韵律等。人们在长期的社会实践活动中总结了这些符合美感的形式美法则，并运用这些形式美法则进行艺术设计。设计应遵循形式美法则，讲求表现内容的形式美。艺术设计中的形式美法则有对称与均衡、变化与统一、节奏与韵律、对比与调和、条理与反复等，所有形式原则，在表面上皆具有不同的特点和作用，但在实际应用上都是相互关联而起共同作用的。学习形式美法则并对其合理运用是学习的重点。以电脑设计软件为工具，在一定空间里，运用形式美法则，以文字、字母、数字为设计元素，进行灵活多变的图形创造。从设计的角度出发，引导学生关注画面构成。

相关知识

1. 对称与均衡

对称与均衡是平面构成中最基本的原理，也是平面构成中最基本的形式美法则。对称和均衡都是使画面达到平衡的手法。

对称是自然界中常见的现象，例如矿物、雪花结晶、植物、鱼类、动物、人的身体，甚至小到分子、原子等，都是以对称的结构形式存在的。

对称是以中轴线为基准，左右或上下为同形同量，完全相等，也是指两个或两个以上的单元在一定秩序下向中心点、轴线或轴面构成一一对应现象。在平面构成中，对称形式除了点对称和线对称外，还表现为移动、反射、回转、旋转等形式体现出的秩序和理性。按对称构成的严谨程度不同，可以分为绝对对称和相对对称两种形式。

绝对对称构成即完全以严格的对称原理构成图形，对称的图形具有稳定、整齐、秩序等特点，基本单元图形经过对称与复制还可以形成出乎意料的新的形状。但绝对对称在一定程度上会让人感到缺乏动感与变化，画面具有单调平凡、拘谨生硬之感。

相对对称即亚对称，指虽不完全对称，但大致上仍有对称之形，或者在对称之中只有一小部分打破平衡。这种情况是针对过于四平八稳的构图，故意掺进一些局部的变异处理，略微表现出一些微妙的感性变化，以达到丰富画面的目的。相对对称相对绝对对称来讲，其形式更为灵活。

均衡是根据形象的大小、轻重、色彩以及其他视觉要素作构图布局上等量不等形的平衡。均衡是一种比较高级的形式美原理。平面构成设计上的均衡并非构图两侧完全均等的关系，而是用于视觉判断上量感的平衡，通常以视觉中心为支点，各构成要素以此支点保持视觉意义上的力度平衡。在平面设计中，均衡没有固定的模式，以画面构成的整个印象带给人们以平衡之美，是一种物理上和心理上的平衡。如因运动而倾斜的人体、鸟的飞翔、野兽的奔驰、风吹草动等都是均衡的形式。

图 10.1　对称的形态

图 10.2　对称的雕塑

图 10.3　对称的建筑

图 10.4　标志设计

均衡和对称之间的区别是：均衡与对称是互为联系的两个方面，对称能产生均衡感，而均衡又包括对称的因素在内，是色、声、线的对称。

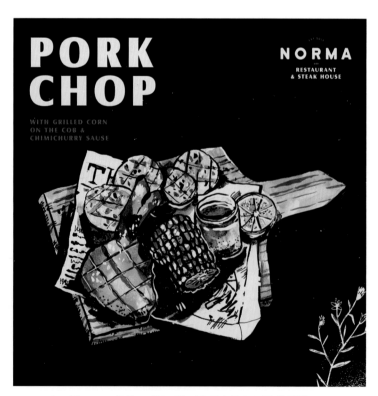

图 10.5　均衡　保加利亚诺玛牛排餐厅品牌设计

2. 变化与统一

变化与统一又称多样统一，是一切形式美的基本规律。任何实物形态总是由多种元素有机地组合成为一个整体。变化是寻找各部分之间的差异、区别，在统一中找变化，在变化中求统一，具有广泛的普遍性和概括性。

在平面构成中，普遍存在统一与变化的矛盾。统一是指某种性质相同或类似的形态要素并置在一起，形成一种和谐共生、稳定有序的状态，体现了事物的整体和谐关系。统一并不是使多种形态单一化、简单化，而是使形态的多种变化因素具有条理性和规律性。然而形式美表现中若只有统一而没有变化便会显得刻板、单调。统一是和变化相比较而言的，这种变化中的统一，可以通过调配比例尺度、均衡形态配置、协调画面秩序等方式综合形成。在平面设计中，与主题形态相关的诸要素，如形式的统一、大小的近似、色彩的一致、肌理造型的接近等都容易形成统一感。

变化是统一的对立面，体现了事物个性的差异，是指性质相异的形态要素并置在一起所形成的对比。变化的形式多种多样，有形体变化，如大小、高低、粗细、曲直；有方向变化，如前后、上下、左右；有空间变化，如正反、旋转、内外；有色彩变化，如深浅、浓淡等；有肌理质感变化，这些变化都可以产生丰富多样的视觉效果。变化是一种对比关系，是以一定规律为基础的，无节制、无规律的变化会导致混乱和无序。因此，变化与统一是对立而又相互依存的，形式美中变化是绝对的，统一是相对的。在设计中处理好两者之间的辩证关系，要把握好一个度的问题，做到统一中有变化，变化中求统一，这样才能得到视觉上的美感，创造出优秀的艺术作品。

图 10.6　变化统一　海报设计

3. 节奏与韵律

节奏本是指音乐中音律节拍轻重缓急的变化和重复，在构成设计上则是指同一视觉要素连续重复时所产生的运动感。节奏有强弱、快慢的区别，要达到这种状态，无论是形态、色彩还是结构要素，都必须以群化的有机分布表现出来，即一些形态要素有规律地反复呈现，因为单一的视觉要素在设计上难以形成节奏的效果。节奏所产生的美感在平面设计中会用多重形式体现，一般会带有很强的起伏感。造成起伏感的要素很多，如倾斜、高低、曲折、分离、层叠、错位等都能给视觉带来丰富的起伏感，同时也给人们以生动的节奏之美。节奏存在于现实生活的许多事物中，如人的呼吸、运动员的奔跑步伐、昼夜的交替变化等。

韵律原指音乐、诗歌中音律的高低、轻重、长短的组合和节奏。在平面构成中，韵律是指规则变化的单位形有秩序地排列，使之产生音乐、诗歌般的旋律感，是由人的视知觉随同各种视觉美感元素而引起的运动或反复排列表现出的美感形式。韵律感的形式主要贯穿于反复之中。在平面构成中，形态、色彩、线条等诸要素均可在反复中显示韵律的形式美特征。

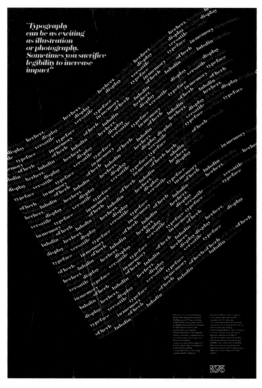 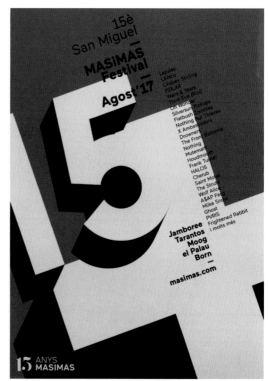

图 10.7　节奏与韵律

在构成中，韵律常伴着节奏同时出现，二者往往是互相依存的。节奏具有一定的秩序美，但单调的节奏难免刻板乏味、印象淡薄，经过有规律的变化便可产生韵律。韵律在节奏变化中产生丰富的情趣，如植物枝叶的对生、轮生、互生，各种物象由大到小、由粗到细、由疏到密，不仅体现了节奏变化的伸展，也是韵律关系在物象上的升华。可见，节奏是韵律的基础，韵律是对节奏的深化。节奏与韵律表现的主要特征是把基本形有规律反复地连续起来，并且有序地进行变化。它有条理、有规律地递减或递增，并且有一定的阶段性变化，形成富有律动感的构成形式。实际上，从很多设计作品中都不难看到，任何有规律、有节奏的构成图形均会产生一定的韵律，密集、放射、重叠、透叠、渐变等都是产生韵律与节奏感的常用手法。

图 10.8　罗马尼亚 Laptaria cu caimac 品牌包装设计

4．对比与调和

对比是指把形、质或量反差很大的元素合理地配列在一起，进而造成紧张感，强调出不同元素的个性特点。"接天莲叶无穷碧，映日荷花别样红"，体现了色彩的强烈对比，使人产生强烈的刺激美感。对比关系主要通过形态的大小、疏密、虚实、现隐、色彩、方向、数量、肌理等方面来达到。对比法则广泛应用在现代设计中，具有很强的实用效果。

调和是和对比相反的概念，在变化中寻求各元素之间的相互协调，在对比的差异中求"同"，形成和谐、统一的美感。调和强调的是事物间的共性因素，注重各元素之间的相互联系，表现出舒适、安定的构成形式。对比强调差异，调和强调统一，适当减弱形、色、质等图案要素间的差距将能取得和谐统一的效果。

对比与调和是相对而言的，若只有对比没有调和，形态易显得杂乱；而只有调和没有对比，形态就会显得单调而缺少变化。它们是不可分割的矛盾统一体，也是取得统一变化的重要手段。

图 10.9　法国利莫内城市品牌设计

图 10.10　哥斯达黎加美洲国际大学（UIA）品牌设计

5. 条理与反复

一切事物都是在不断运动发展，并且都是在条理与反复的规律中进行的。如植物枝叶的生长规律、动物羽毛的生长排列都体现了条理与反复这一规律。

条理，是指把复杂多样的元素，按一定的规律组织成有序的形式，表现出整齐的美。反复，是指相同或相近的形态有秩序地重复出现，具有一定的节奏美。如将一个基本形做上下左右连续或向四方重复的连续排列，这种连续性构图的组织形式正是条理与反复这一规律的体现，具有整齐有序、富有节奏的视觉特征。同时还需要注意，条理与反复并不是简单的排列与重复，可以运用旋转、渐变等多种方式进行有机组合，达到多样统一的形式美感。在设计中运用条理与反复，可以使某种事物在一定时间和空间中有序地重复出现，从而引起人们对形象的识别和记忆。

图 10.11　条理与反复

图 10.12　条理与反复　字体版式设计

任务实施

在一定空间里，运用形式美法则，以文字、字母、数字为设计元素，进行灵活多变的图形创造。

完成该任务的注意事项：

（1）作业要求：画面构图具有美感，充分运用学到的知识设计画面空间。

（2）实现工具：Illustrator 设计软件。

（3）作业数量：3 幅作品。

步骤一：构思，运用形式美法则，选择适合的设计元素进行设计，画出草图。

步骤二：将较为成熟的草图方案借助电脑软件进行实施。

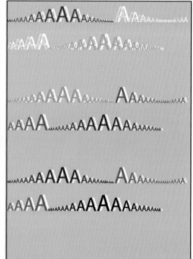

图 10.13　文字组合的图形创造练习（学生习作）

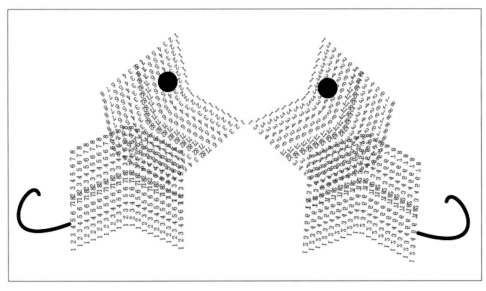

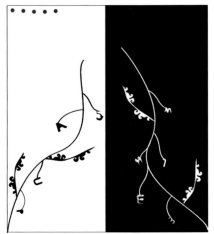  

图 10.14　文字组合的图形创造练习（学生习作）

考核要点

在该任务实施中，以文字、字母、数字作为基本元素，运用形式美法则进行画面构图。主要对以下项目进行过程考核：

（1）是否理解形式美法则：对称与均衡、变化与统一、节奏与韵律、对比与调和、条理与反复的概念，能否灵活运用创作出具有美感的画面构图。

（2）从设计的角度出发，引导学生关注构成画面是否充满张力，是否主次分明、条理清晰。

（3）关注学生在项目实施过程中对物象的观察能力、理解分析能力、判断能力及最后的表现能力。

知识链接与能力拓展

1. 欣赏形式美法则在设计中的运用

图 10.15　网页设计（俄罗斯设计师 Maxim Nilov）

图 10.16　Formula food 视觉形象及包装设计

图 10.17　广告设计（第六市场 Traditional Market）

图 10.18　海报设计（西班牙设计师 Xavier Esclusa Trias）

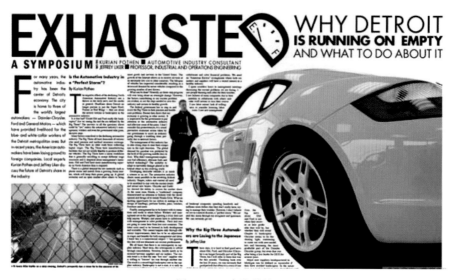

图 10.19　广告设计

图 10.20　法国 Agora 品牌设计

2. 课后研讨

观察自然界中形式美法则的规律。

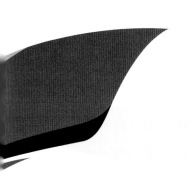

项目二
色彩构成

学习情境 11　色彩构成概述

学习要点

- 了解色彩构成的概念及相关发展背景。
- 了解色彩构成的内容和范围。
- 了解色彩构成的学习方法。

任务描述

　　现代设计基础训练将平面构成、色彩构成和立体构成作为独立学科体系，色彩构成是艺术设计的基础理论之一，它与平面构成和立体构成有着不可分割的关系。通过小组讨论的形式，从生活中找到斑斓的色彩给人留下的不同印象，从文学作品中找到被艺术家们赋予色彩特定情感的表述；通过查阅资料，加深对色彩概念的理解和对色彩多样性的掌控。

相关知识

1. 色彩构成的概念

　　色彩构成是以色彩为对象，运用色彩基本原理，结合人们对色彩的视觉认知以及实践应用效应，科学地分析色彩变化的规律。将复杂的色彩现象还原为基本元素，将两个或两个以上的色彩元素根据不同的目的，运用对比、调和、统一等手段进行匹配，重新构成新的色彩表现效果，为以后的设计表现奠定色彩配置的基础。

2. 色彩构成的产生与发展

　　色彩构成的理念并非属于无缘无故的自我生成，它是受到文化背景激励的同时，得到审美潮流的认可，在不断的时代、历史的验证下产生的。从色彩的感知逐渐发展到色彩审美意识的萌发，而真正有意识地应用色彩是从原始人用固体或液体颜料涂抹面部与躯干开始的，在新石器时代的陶器上已可见到原始人对简单色彩的自觉运用。

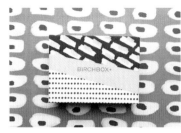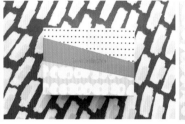

图 11.1 色彩重构后的表现效果

图 11.2 新石器时代 彩绘鹳鱼石斧图陶缸   图 11.3 新石器时代 仰韶文化彩陶人面鱼纹盆

跨入 21 世纪，面对科技的飞速发展，研究色彩的范围更加广泛，如平面设计、工业设计、建筑设计、服装设计、多媒体影像设计等，特别是计算机技术的应用带来的便捷和直观让色彩控制更精准，这些多样性的分析为色彩构成提供了更多的感知方式。

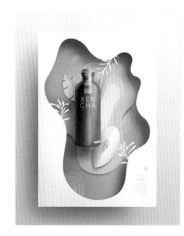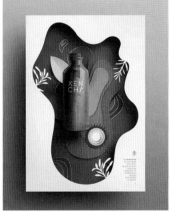

图 11.4 平面设计

图 11.5　工业设计

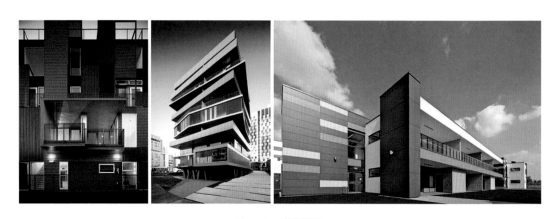

图 11.6　建筑设计

3. 设计色彩和绘画色彩

绘画色彩是以光照作用下产生的色彩变化为主，对表现物体瞬间引起变化的色彩进行敏锐的捕捉，真实地再现自然物象，绘画者的科学认识与观察是表现写生色彩的正确方式。设计色彩更注重和强调物象的形式美感以及色彩的对比协调关系，培养设计者表现色彩的能力。

绘画色彩是将视觉中观察到的色彩通过绘画者的意图表达出来，而设计色彩则是将视觉中观察到的色彩经过有目的的筛选、梳理、提炼、变化体现出来。设计色彩以绘画写生色彩为基础，根据设计专业的特点和要求，运用色彩归纳、概括、提炼等手段，表现物体的空间。

图 11.7　睡莲（莫奈）

图 11.8　Tierra Connor 的设计作品

4．色彩构成的内容和学习方法

色彩构成是设计基础训练课程中的一项内容，重点是系统地了解色彩基础知识和配色规律、色彩体系以及色彩的应用与定位，提高对色彩各构成要素间相互关系的辨识和提取，为今后的设计学习奠定良好的色彩基础。

（1）培养色彩的理性思维。要实现从表达对象的实际颜色过渡到使用主观色彩进行创作的过程，极大地解放思维。进行主题性的色彩构成训练，探索色彩的表现力，能灵活地、创造性地处理色彩规律的关系。转换学生的色彩思维惯性，提高对色彩的理性思考能力。

（2）提高基本表现技能。传统色彩构成的表现媒介多为颜料，随着科技发展，电脑显示屏以及其他的展示形式应运而生。前者通过手绘制作可以培养学生对颜料性能的熟练掌握，后者集高效多能于一体，为色彩构成提供了全新的表现形式和巨大的表现潜能。通过数字化技术，能更加快捷地把想法转化为视觉图像，更便于直观的视觉体验和理性思考。

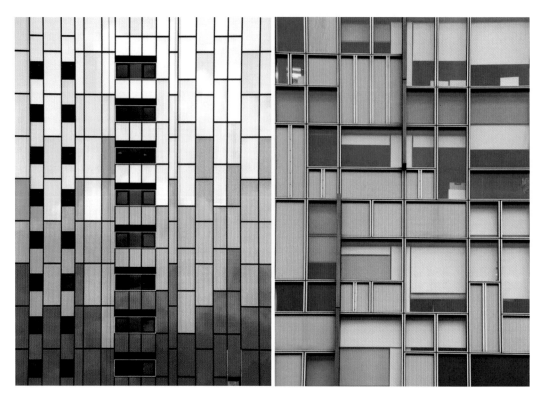

图 11.9　改变建筑外立面色彩变化规律提升视觉体验

（3）有效提高综合设计能力。学习中，要摒弃以前在绘画层面上的色彩概念和认识，侧重于探寻色彩主观的有序抽象表现，增强对艺术风格、文化内涵的综合性分析，从而达到由色彩原理到设计的顺利过渡。提高色彩的审美能力和设计思维能力，并把色彩灵活地应用到后续的设计领域中去。

图 11.10　结合设计对象灵活运用色彩

任务实施

完成下列任务并分小组讨论相关问题，记录、整理同学们的答案，并尝试用材料和实例说明观点：

（1）通过阅读书籍和浏览网站等各种途径收集生活中的色彩之美。

（2）有绘画基础，还需要学习色彩构成吗？

（3）选择 3 张内容相似但色调不同的图片，思考影响色调的因素。

图 11.11　城市夜景色彩之美

图 11.12　食物色彩之美

考核要点

该学习情境，主要是有关色彩构成概述的学习，积极引导学生了解色彩在设计中的广泛应用，摆脱简单化的色彩认识，注重色彩构成所包含的设计原理，进行集中的强化练习。在学习过程中培养创造性的思维方式，在提高审美能力的同时，掌握色彩的应用和表现方式，培养和训练色彩设计的综合实践能力。在该学习情境中主要对以下项目进行过程考核：

（1）理解设计色彩和绘画色彩的联系与区别。

（2）思考图像中影响色调的因素。

知识链接与能力拓展

1. 从生活中浏览的网站寻找色彩的构成之美

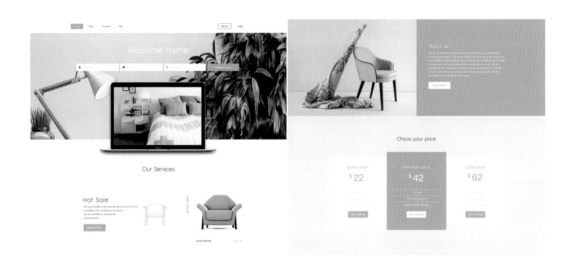

图 11.13　网页设计

2. 从电影海报中寻找色彩的构成之美

图 11.14　海报设计

3. 课后研讨

（1）为什么色彩构成是设计的基础课程？

（2）你喜欢什么样的色彩设计风格？

学习情境 12　色彩的基本原理

学习要点

- 了解色彩产生的原理。
- 理解色彩的基本属性。
- 掌握色彩的表示体系。
- 理解色彩三要素的概念。
- 了解色彩的混合原理。

任务描述

我们生活在五彩斑斓的世界里，色彩作为视觉信息，赋予我们不断丰富的物质生活。美妙的自然色彩，刺激和感染着人的视觉和情感，陶冶着人的情操。学习和研究色彩的知识和理论，对色彩的运用由单纯到繁复，在色彩认知与实践的过程中，由感性应用上升到理性思维，形成一套较为合理的色彩理论知识，才能更深刻、全面、科学地认识色彩，激发创造热情。通过调色练习，在实践中理解色彩的基本原理，掌握色彩的基本调配能力，更有效地运用色彩妆点我们美好的生活环境。

相关知识

1. 色彩产生的原理

色彩从根本上来说是光的一种表现形式，人们凭借光才能看见物体的形状、色彩，从而认识客观世界。因此，光、物体、眼睛三个条件缺一不可。随着科学的发展，根据现代物理学证实，色彩是光刺激眼睛再传到大脑的视觉中枢而产生的一种感觉。光是产生色彩的条件，色彩是光被感知的结果。人们对色彩感觉的完成，只有通过光、物体、眼睛和大脑发生关系的过程才能完成。因此，为了更好地研究、应用色彩，就必须掌握光到达眼睛的物理学知识、光进入人的眼睛至大脑引起感觉作用的生理学知识和从感觉到知觉过程的心理学知识。所以今天对色彩研究的科学已成为多学科领域的综合科学。

（1）光与色彩。17世纪英国物理学家牛顿用三棱镜将太阳的光线分解，得到彩色光谱。1666年，牛顿发表学说《色彩在光线中》，阐述把太阳光从一小缝引进暗室通过三棱镜后，在银幕上显现出一条美丽的彩带，从红开始为橙、黄、绿、青、蓝、紫有规律的七种色光，这种现象称为光的分解或光谱。

光在物理学上是一种客观存在的物质，它是一种电磁波。在整个电磁波范围内，并不是所有的色彩都能被肉眼所分辩。只有波长在380nm～780nm这一极小波长范围的电磁波才能引起人的色知觉。这段波长的电磁波叫作可见光谱，或者叫光。在可见光谱中，红光波长最长，紫光波长最短。其余波长的电磁波都是肉眼看不见的，称为不可见光。例如，长于780nm的电磁波叫红外线，短于380nm的电磁波叫紫外线。

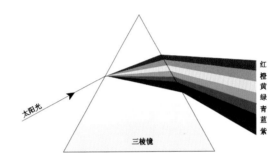

图 12.1　光的色散原理

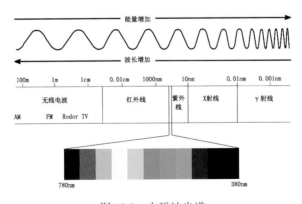

图 12.2　电磁波光谱

颜色	红	橙	黄	绿	蓝	紫
标准波长	700	620	580	520	470	420
波长范围	640~750	600~640	550~600	480~550	450~480	400~450

图 12.3　光谱标准色的波长范围（单位：nm）

（2）光对形与色的影响。各种光源发出的光，因光波的长短、强弱、比例性质的不同，从而形成了不同的色光，叫光源色。光源色是指光源本身的色彩。光的来源可以分为两大类：一是自然光，如日光、月光等；二是人造光，如灯光、火光等。

图 12.4　自然光

图 12.5　人造光

图 12.6　光影构成建筑中点线面的丰富变化

物体色是由光源色经不发光物体的吸收、反射而反映到视觉中的光色感受，如平时看的颜料、动植物、服装和建筑物的颜色等均为物体色。同一物体在不同的光源下呈现不同的色彩相貌。各种物体由于所投射的光源色不同（即使投照的光源色相同），以及其本身特性不同、表面质感不同、对光的吸收与反射不同、所处的周围环境不同，因而形成的物体色也各不相同。

固有色是指在白天自然光照射下，不同的物体所反射的不同色光，也叫物体的表面色。由于人们对日光下物体的颜色印象最深，因此通常把物体在白色日光下呈现的颜色作为它的固有色。

图 12.7　草垛（莫奈）

2. 色彩的属性

色彩的变化主要由色彩的属性决定，分别是色彩的明度、纯度和色相三种属性。除了三大基本属性以外，还有一个不可忽视的属性，那就是色彩中的黑、白、灰。

（1）色彩的分类。现代色彩学把色彩分为两大类：有彩色系和无彩色系。

● 有彩色系：可见光谱中的全部色彩，以红、橙、黄、绿、青、蓝、紫等颜色为基本色。

● 无彩色系：白色、黑色和由白色黑色调和形成的各种深浅不同的灰色。

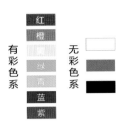

图 12.8　色彩的分类

（2）色彩的三要素。正常的视觉所感知的色彩（有彩色系）具有很重要的三个因素，即色相、明度、纯度。几乎每出现一块色彩，都伴随着三要素的不同而显现，三者均具有不可或缺的价值。

- 色相：即色彩的相貌，是区别色彩种类的名称，也指以波长来划分色光的相貌，它是色彩最突出、最主要的特征，因而也是区分色彩的主要依据。在通常情况下，色相以色彩的名称来体现，如红色、黄色等。

- 明度：指色彩的明暗程度，又称亮度或光度。色彩明度可以从两个方面分析：一种是各种色相自身的明度值有差别，同样的纯度，黄色明度较高，蓝紫色明度较低；另一种是同一色相因光量的强弱而产生不同的明度变化。在无彩色系中，最高明度为白色，最低明度为黑色，灰色居中。在色彩调配过程中，对于单一的纯度色来说，加入白色时，纯度降低，明度提高；加入黑色时，纯度降低，明度变暗；加入明度相等的中性灰时，纯度降低，明度保持不变，如图 12.9 所示。明度高的颜色其纯度不一定高，反之明度低的颜色其纯度不一定低。

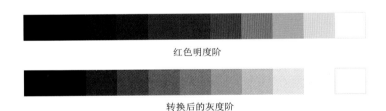

红色明度阶

转换后的灰度阶

图 12.9　色相的明度变化

- 纯度：指色彩的鲜艳程度，又称彩度、艳度、饱和度。可见光谱中的各种单色光为极限纯度，是最纯的颜色。不同的色相不仅明度不同，纯度也不同，如图 12.10 所示。当一种色彩加入黑、白、灰以及其他色彩时，纯度自然会降低。通过孟塞尔色立体的概念理解色彩的纯度关系，如图 12.11 所示。越是邻近色相环外围中心水平面色彩的艳度越高，色彩越纯，反之则越低。纯度变化对人们的心理影响极其微妙，不同年龄、性别、职业、文化教育背景的人对纯度的偏爱有较大的差异。如性格张扬、外向奔放的人一般喜欢穿纯度较高、色彩鲜艳的服装；性格成熟稳重的人一般选择中低纯度颜色的服装。

色相	明度	纯度
红	4	14
橙	6	8
黄	8	12
黄绿	7	10
绿	5	8
蓝绿	5	6
蓝	4	8
蓝紫	3	12
紫	4	12
紫红	4	12

图 12.10 不同色彩色相的明度纯度比较

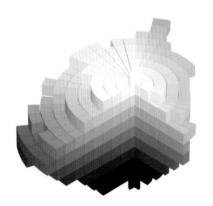

图 12.11 孟塞尔色立体

（3）色相、明度、纯度三要素的关系。任何色彩（色相）在纯度最高时都有特定的明度，明度变了则纯度就会下降。高纯度的色相加白或加黑，会降低该色相的纯度，同时也提高或降低了该色相的明度。高纯度的色相加与之不同明度的灰色，降低了该色相的纯度，同时使明度向添加的灰色的明度靠拢。高纯度的色相如果与同明度的灰色混合，则可构成同色相同明度不同纯度的序列。不同的色相不但明度不同，纯度也不同，色彩的色相、明度、纯度变化是综合存在的。人的视觉所能感受的色彩绝大部分是非高纯度的色，大部分都是含有灰度的色相，有了纯度的变化，色彩才会显得更加丰富。

任务实施

用红（M100Y100）、黄（Y100）、蓝（C100M60）三色分别加入白色与黑色进行调色练习。

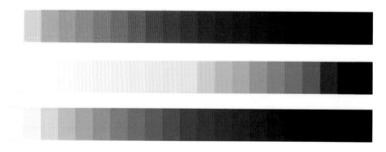

图 12.12 三色明度色阶

1. 任务要求

（1）作业要求：合理地调节这 5 个色彩的比例关系，配置出尽可能多的色彩。

（2）绘图准备：Photoshop 软件。

（3）作业数量：60 个色彩。

2. 实施过程

（1）每种单色加黑或加白混合，分别调出 20 个色阶的色彩。

以红色为例：

步骤一：在 Photoshop 中新建 A4 大小的画布，绘制 2cm×1cm 的矩形并填充红色（M100Y100）。

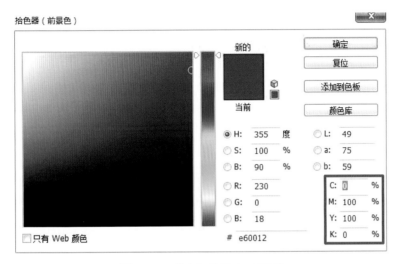

图 12.13　确定红色的 CMYK 值

步骤二：逐步增加黑色值，即调整 K 值从 0 到 100 递增，完成 10 个暗度调节，依次增加 10，CMY 值保持不变。

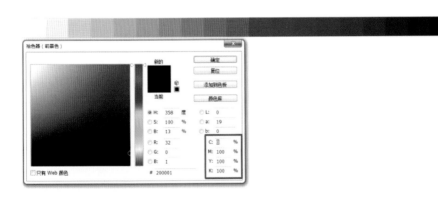

图 12.14　逐步增加 K 值直至 100

步骤三：逐步增加白色值，即调整 MY 值从 100 到 0 递减，完成 10 个明度调节，依次减少 10，最终 CMYK 都降为 0。

黄色和蓝色同理。

（2）利用水粉颜料，任选一种色彩进行加灰色的配置练习。

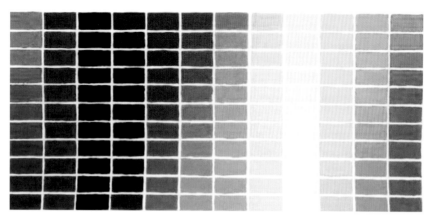

图 12.15　灰色配置练习

（3）任选两种色彩进行互相配置的练习。

图 12.16　互相配置练习（软件绘制）

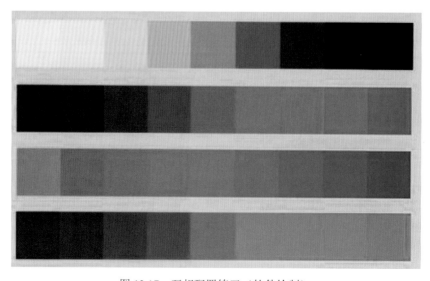

图 12.17　互相配置练习（软件绘制）

考核要点

在该学习情境中，主要对以下知识点进行过程考核：

（1）作为色彩学习的第一次练习，有一定量的色彩调配任务，目的是让学生面对面地直接与色彩接触，掌握色彩的基本调配方法，从而进一步感受色彩。

（2）在实施过程中，具备准确调配出指定色彩的能力。

（3）在调色过程中，注意每个色与邻近色之间 CMYK 值的调整，确保色阶均匀过渡。

知识链接与能力拓展

1. 色彩三要素在设计中的运用

图 12.18　色相变化在包装设计中的运用

图 12.19　色相变化在包装设计中的运用

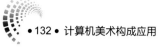

图 12.20　纯度变化在包装设计中的运用

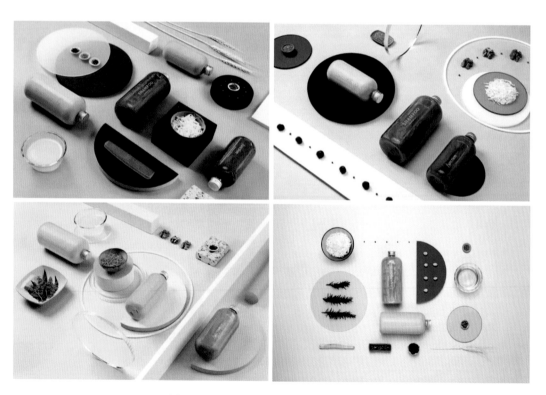

图 12.21　明度变化在包装设计中的运用

2. 色彩三要素在绘画中的运用

图 12.22　安迪·沃霍尔的绘画作品

图 12.23　Malikafavre 的绘画作品

图 12.24　Joseph Zbukvic 的绘画作品

学习情境 13　原色及色彩混合

学习要点

- 了解原色、间色、复色、补色的概念。
- 了解色彩混合的概念。
- 掌握原色混合调色的方式。
- 理解色彩混合在设计中的运用。

任务描述

　　我国古代先人依据"五行"学说的金、木、水、火、土，用颜色配以五行即五色，也就是青、赤、白、黑、黄的"五色论"，这也是中国对原色最早的认识和归纳。后经过不同时期、不同国家的科学家、艺术家、哲学家们对原色的认知研究，逐步形成了现代色彩学中的原色理论。色彩是在原色间混合生成的，而作为最基础的三原色，根据不同的载体分为色光三原色和色料三原色，并分别形成各自的混合规律。

相关知识

1. 原色、间色、复色和补色

　　（1）原色。又称为基色，即不能用其他色混合而成的色彩。原色却能混合出其他色（当然不是全部色彩），而其他色不能还原出原色。通过无数研究者对色彩的进一步研究分析，实际上原色有两个系统：一是站在光学方面立论的，即色光三原色（朱红光、翠绿光、蓝紫光）；二是站在色素或颜料方面立论的，即色料三原色（品红、柠檬黄、湖蓝）。

　　（2）间色。间色是由两个原色等比混合而得到的第二次色。间色也只有三种，即橙、绿、紫。间色的视觉刺激强度低于原色，属于较容易搭配的颜色，虽然为二次色，但视觉冲击力仍然较强。

　　（3）复色。用任何两个间色或三个原色相混合而产生出来的颜色叫复色，也叫第三次色。由于复色的调配次数更多，因此颜色的名称更不好确定。复色是最丰富的色彩，千变万化，丰富异常，复色包括了除原色和间色以外的所有颜色。复色可能是三个原色按照各自不同的比例组合而成，也可能由原色和包含有另外两个原色的间色组合而成。

图 13.1　伊登色相环

（4）补色。补色又称互补色、余色，亦称强度比色，是指任何两种以适当比例混合后而呈现白色或灰色的颜色，即这两种颜色互为补色。互补色总是成对出现。一原色和对应的间色，如品红与绿、黄与紫、青与橙互为补色。互补色在色相环中正好成180°，几何学中称为补角，补色由此得名。

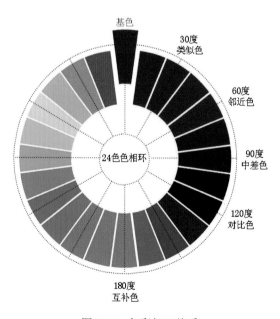

图 13.2　色彩相互关系

2. 色彩混合的概念

大自然中的色彩多种多样、千变万化，人们无法用数字来计算出它们的种类和数量，更不能制作出所有的色料来。唯一能做的就是将已知的颜色进行科学的混合调配，从而调和出丰富而又具有表现力的新色彩。用两种或两种以上的色彩进行混合，从而产生一种新的色彩的调和方法称为色彩混合。色彩的应用过程就是对颜色的混合和配置的过程。

3. 色彩混合的形式

（1）加法混合。加法混合也称为色光混合，是将两种或两种以上的色光混合时，在极短的时间内连续刺激人的视觉，使人产生一种新的色光感觉。两种或两种以上的色光混合在一起，得到的色光亮度会提高，混合的成分越多，混色的明度就越高。色光混合后，纯度会有所降低。互补色光混合会产生白色，纯度则彻底消失。在等比例条件下，加色混合的基本规律如下：

红光 + 绿光 = 黄光

红光 + 蓝光 = 带紫色的红光

蓝光 + 绿光 = 带绿色的蓝光

红光 + 绿光 + 蓝光 = 白光

随着各种色光的比例不同，还可以得到更多颜色的色光，而除红、绿、蓝三原色以外的任何一种色光，都可以通过这样的混合得到。自然界中天空的颜色就是一种色光混合的现象。大气层的云层厚度和位置导致了对阳光的吸收、反射、透射的不同，从而使天空呈现出微妙的色彩差别。一般电子显色的彩色图像及影像也是根据色光混合的原理来设计的。目前色光混合主要被应用于人造光媒体、数字媒体、舞台灯光设计、展示照明、景观照明、摄影、服装表演设计等。

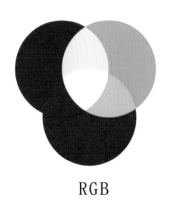

图 13.3　加法混合

图 13.4　某公司利用加法混合设计的 LOGO

（2）减法混合。减法混合主要是指色料的混合，是将两种或两种以上的色料按一定比例混合时呈现出来的一种新的颜色。两种颜色互相混合，得到的色彩明度会降低，纯度也会降低。混合的颜色越多，得到的颜色就越浑浊。

色料混合所指的颜料是比较常见的绘画颜料、印刷油墨、印染的染料等。物体所呈现的颜色是由于对光谱中的各种色光有选择地吸收反射造成的。吸收一部分光线后，反射的光线会比原光线减少。

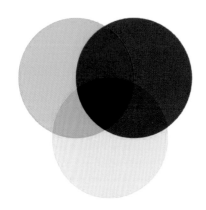

图 13.5　减法混合

图 13.6　运用 CMYK 四个印刷色设计的封面

减法混合的基本规律如下：

红色 + 蓝色 = 紫色

黄色 + 红色 = 橙色

黄色 + 蓝色 = 绿色

红色 + 蓝色 + 黄色 = 黑色

上面的这几种混合情况是在比较理想的条件下得到的结果。理论上来讲，通过红黄蓝三原色不同比例的混合，可以得到任何颜色，而实际应用中，却往往难以办到。因为目前的颜料生产技术还不能生产出理想状态的三原色。现在比较接近于理想状态的三原色是：品红、柠檬黄、湖蓝。

（3）中性混合。中性混合是基于人的视觉生理特征所产生的视觉色彩混合，它不是变化色光或颜色本相，而是在色彩进入人的眼睛之后产生的视觉混合幻相，这种混合方式也被称为"视觉混合"。混合后的色彩效果类似于它们的中间色，亮度既不增加也不减低，而是混合各亮度的平均值，因此这种色彩混合的方式被称为"中性混合"。中性混合主要有空间混合与旋转混合两种类型。

空间混合是指在一定距离内，人的眼睛能够把两种以上并置在一起的色彩自动感应并同化为新的色彩。空间混合的特点是在一定的观察距离内色块的面积相对较小，人们很难将单个的色块独立区分开来，这样就会在视觉上产生色彩混合。由于这种色彩混合受空间距离的影响，因此称其为空间混合。

将多个蓝色、紫色点（或块）等量并置在同一平面上，再拿到一定距离处观察，就会得到一个新的颜色。

图 13.7 大碗岛的星期天下午（乔治·修拉）

图 13.8 空间混合作品（陈梦园）

旋转混合是指将两种或两种以上的不同色彩等比例地涂在圆盘上，然后以一定的速度快速旋转，人们在视觉上就能看到一个新的色彩。旋转混合是由于色相快速移动刺激人眼视网膜的缘故。在颜色快速旋转的过程中，当第一种颜色的刺激在视网膜上的效应尚未消失时，第二种颜色的刺激已发生作用，不同的色相刺激快速地先后作用，就会在人的视觉中产生混合。

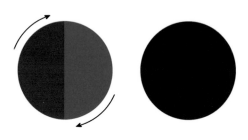

图 13.9 旋转混合

任务实施

用色料三原色绘制 12 色色相环、24 色色相环。

1. 任务要求

（1）要求颜色之间过渡自然。

（2）作业数量：2 幅作品。

（3）作业尺寸：300mm×300mm 的纸张，分辨率 200 像素 / 英寸，颜色模式 CMYK 颜色。

2. 实施过程

（1）新建一张空白画布，纸张尺寸为 300mm×300mm，分辨率 200 像素 / 英寸，颜色模式 CMYK 颜色，如图 13.10 所示。

图 13.10 新建画布

（2）拉出参考线把 300mm×300mm 的画布垂直平均分成 12 块，每一份为 25mm，如图 13.11 所示。

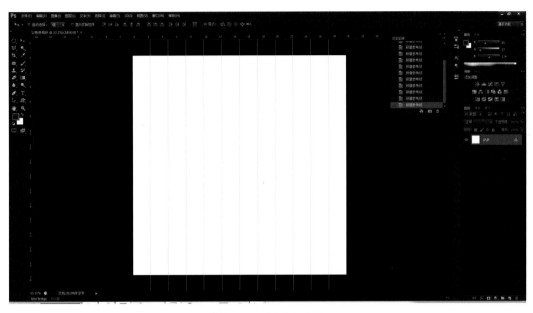

图 13.11　创建参考线

（3）新建图层，点选"矩形选框"工具，按参考线的位置框出一个选区，然后把选区填充颜色，做好第一个红色（M100K100），如图 13.12 所示。

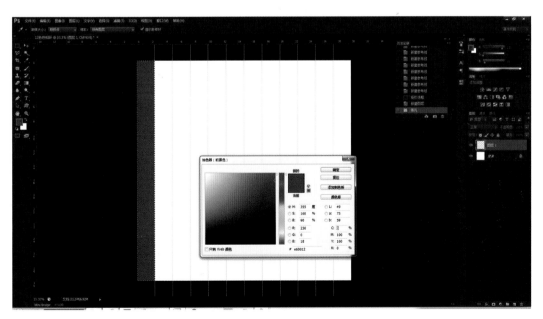

图 13.12　建立红色选区

（4）依此类推，把 12 块都同样操作填充好颜色并清除参考线，效果如图 13.13 所示。

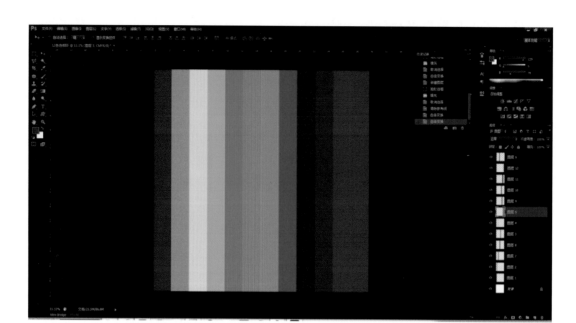

图 13.13 完成 12 个色块

（5）合并所有图层后，在菜单栏中单击"滤镜"→"扭曲"→"极坐标"，在弹出的操作框中保持默认参数设置，单击"确定"按钮，如图 13.14 所示。

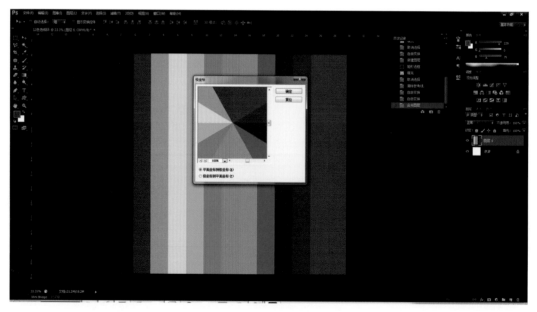

图 13.14 设定极坐标扭曲形式

（6）新建图层，命名为"圆"，然后按步骤（2）再次调出参考线，一条水平参考线和一条垂直参考线，居中于画布，相交于中心点。

（7）在工具箱里点选椭圆工具，将光标放于两条参考线的相交点，然后按住 Alt+Shift 组合键，以两条参考线相交中心为圆点画出一个正圆路径，如图 13.15 所示。

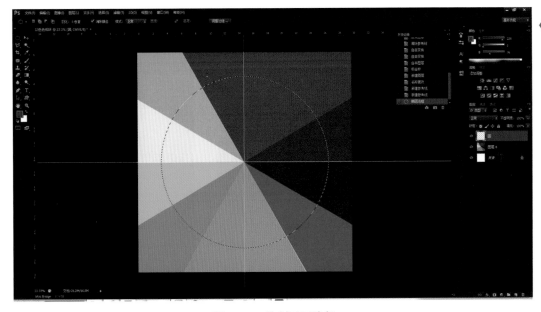

图 13.15　绘制正圆路径

（8）点击鼠标右键，选择"反向"，将当前图层选择为绘制 12 色相的图层，删除选中的选区。

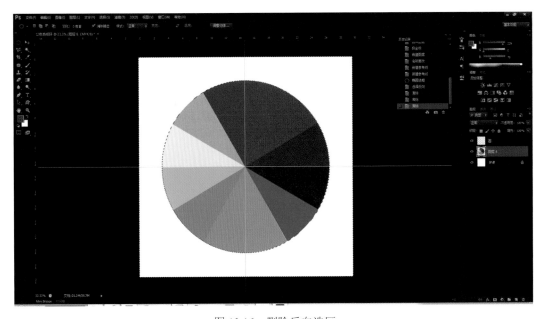

图 13.16　删除反向选区

（9）再新建一个图层，命名为"小圆"，重复前面的操作，将圆心填充为白色，清除参考线，完成色相环绘制。

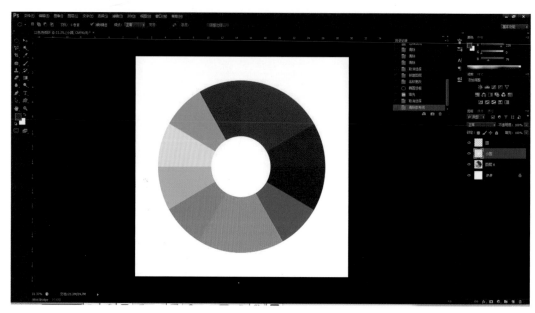

图 13.17　完成绘制

24 色色相环制作方法参考 12 色色相环。

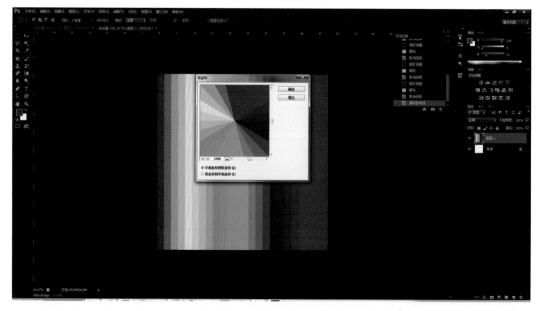

图 13.18　24 色色相环的操作

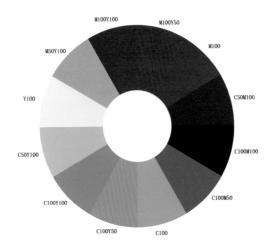

图 13.19　12 色色相环

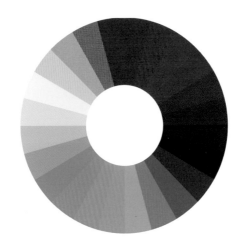

图 13.20　24 色色相环

考核要点

通过该学习情境的学习加强对三原色的理解，在修改 CMYK 值的过程中理解色彩混合规律，掌握调色方法。在该学习情境中主要对以下项目进行过程考核：

（1）掌握三原色的 CMYK 值，在混合的过程中逐渐增加或减少 CMYK 值。

（2）掌握等比例加减 CMYK 值的变换方法，得到最理想的数值。

知识链接与能力拓展

1. 色彩混合在设计中的运用

分析并学习色彩混合在设计中的运用。

图 13.21　色彩混合在饮料包装设计上的运用

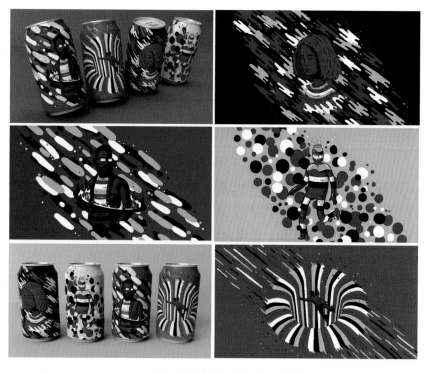

图 13.22　色彩混合在饮料包装设计上的运用

2. 在建筑设计中体现色彩混合

色彩在城市建筑中的首要功能就是装饰。形形色色的建筑经过色彩的装点，与地面、植物、天空等背景融合在一起，构成了丰富多彩的环境。人们会感受到多姿多彩的景致而使身心感到愉悦，建筑也由于丰富的色彩而魅力独具。

通过色彩的装饰，建筑可以很好地融入周围环境，也可以从周围环境中"跳"出来，充分显示个性。色彩不仅具有本身的特性，还是一种文化信息的传递媒介，它含有人们附加在其上的内涵，在一定程度上代表了城市、国家的文化。

图 13.23 色彩混合在建筑设计上的运用

图 13.24 色彩混合在建筑设计上的运用

3. 课后研讨

（1）积极思考三原色在现实生活中的运用，发现生活中的色彩混合。

图 13.25　三原色在室内设计中的运用

（2）思考三原色在视觉设计中的运用。

图 13.26　三原色在海报设计中的运用

图 13.27 三原色在系列广告中的延伸运用

学习情境 14　色彩对比

学习要点

- 了解色彩对比的概念。
- 掌握影响色彩对比的因素。
- 理解色彩对比构成在设计中的运用。

任务描述

色彩对比就是不同色彩之间的差异所形成的对比。色彩对比的强弱与差异的大小相关。差异越大，色彩对比越强，反之越弱。在学习了色彩对比的相关基础知识后，用Photoshop进行明度对比、纯度对比、色相对比的练习，掌握基本的色彩对比构成法则，使画面具有一定形式的美感、节奏感和韵律感。

相关知识

1. 色彩对比的概念

当两个或者两个以上的颜色同时存在时，便会产生对比，比较其差别及相互关系的方法称为色彩对比构成。对比的目的是为了寻找差异，通过对比的手法使得对比的双方或多方的差别清晰可辨，如果不能达到这个目的，那么只能说是色彩的统一与重复，而不能称为对比。但是，对比也不是要达到极端相反的目的，对比是手段，是为了更好的和谐统一。所以，对比与和谐既是矛盾对立又是协调统一的关系。色彩对比构成的难度就在于要在对比中求和谐，在和谐中求对比。

2. 色彩对比的特征

色彩对比的目的就是要表现出色彩之间的明与暗、纯与浊、冷与暖、色相差等各种对比关系的存在。在色彩对比的关系中，还有色彩强与弱、近与远和色彩轻重、软硬等各种感觉差异的存在。这些差异越大，对比效果越明显；这些差异越小，对比效果就越趋向缓和。

在色彩练习中要处理好这些关系就要明确两个概念：主导色和面积比率。凡是画面色调倾向很明确的作品，都有一个相对的主导色和一个或多个比较色以及过渡色。主导色的作用是统领整个画面的大色调，它所占的面积是整个画面中面积相对最大的部分。比较色的作用是为了避免画面色彩单一，通过和主导色相对比，使画面的色相更丰富，它所占的面积应该小于主导色的面积。过渡色是在主导色和比较色之间产生转换，起缓冲和衔接作用，使画面具有节奏感，它一般占画面最小比率。正确处理好这三者之间的关系，可以使画面获得层次清晰、和谐统一的效果。

3. 色彩对比的类型

（1）色相对比。两种以上色彩组合，由于色相差别而形成的色彩对比效果称为色相对比。也可以色相环作为主要对比依据，由各色彩在色相环上的距离远近决定色彩对比的强弱。以 24 色色相环为例，每种颜色占的角度为 15°，色相的对比强弱可以用色相环上的距离角度来表示。

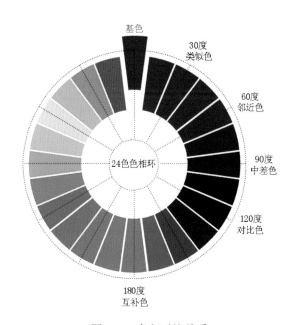

图 14.1　色相对比关系

1）类似色对比：指在色相环上 30° 以内的色彩对比呈现的效果，其中只有不同明度和纯度的对比，而不存在色相的差别，对比的效果主要靠明度来体现。类似色对比给人以单纯、平静、雅致、素净的心理感受。

2）邻近色对比：指在色相环上距离角度在 60° 左右的色彩对比呈现的效果。邻近色对比差别小，视觉效果柔和，可以避免同类色的单调感。邻近色搭配显得统一中有变化，具有和谐、柔和、优雅的心理感受，但也可能造成单调、乏味、模糊的心理感受，如果能在里面适当运用小面积的对比色或较鲜艳、饱和的色彩作点缀则可使画面更加丰富。

图 14.2 类似色对比的运用

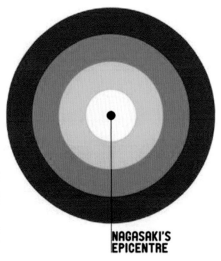

图 14.3 邻近色对比的运用

3）中差色对比：指在色相环上距离角度在 90°左右的色彩对比呈现的效果。中差色相对差别较大，画面色彩更加丰富，虽然色彩差异较大，但不至于对立，整体统一和谐。

4）对比色对比：指在色相环上距离角度在 120°左右的色彩对比呈现的效果。对比色在色相环上跨度大、对比强烈，给人以醒目、刺激、华丽、活跃、亢奋、激动的心理感受，但若画面上对比色种类用得太多，容易造成视觉疲劳，同时由于色相之间缺乏共性因素，不易形成主色调，画面易出现混乱、浮躁的感受。所以，应在色相、明度和纯度上进行一些调和。

图 14.4　中差色对比的运用

图 14.5　对比色对比的运用

5）互补色对比：是指色相环上直径两端 180° 的色相对比，是最强烈的色相对比关系，具有最刺激的视觉效果。从三原色看，互补就是一种原色与其余两种原色调和产生的间色的对比关系，即红与绿、黄与紫、蓝与橙。使用互补色一定要注意合理搭配，避免冲击力过强而导致画面不和谐。

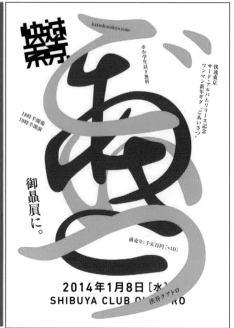

图 14.6　互补色对比的运用

（2）明度对比。明度对比是指色彩明暗程度的对比，是将两个或两个以上不同明度的色彩放在一起所产生的不同视觉效果和心理效应。明度对比有两种情况：一种是同一色相的不同明度之间的对比；另一种是不同色相之间的明度对比。一般一幅作品里面这两种明度对比同时存在，而且往往不局限于两个颜色的对比，常常包括多个颜色的对比关系。

明度对比构成的具体方法包含三大调九变化，即先根据明暗程度划分出高明、中明、低明三大调，再在这三大调中按长、中、短的强弱对比关系产生 9 种变化，以此来完成三大调九变化的明度对比构成形式。具体方法为，用黑色和白色按等差比例相混合，依次建立 9 个不同明度对比等级，根据明度色带轴划分出高明、中明、低明 3 个明度等级的明度基调，1 为最深，9 为最亮。1、2、3 级由暗色组成，称为低明度；4、5、6 级由中明度色彩组成，称为中明调；7、8、9 级由亮度色彩组成，称为高明调。低明调（暗调）具有沉着厚重、压抑的心理感受；中明调具有柔和、含蓄、稳重的心理感受；高明调（亮调）具有明亮、高雅、柔美的心理感受。

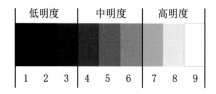

图 14.7　明度对比关系

在高明调、中明调、低明调区域中，配色的明度差在 3 个阶段以内的组合叫短调，为明度的弱对比；明度差在 5 个阶段以上的组合叫长调，为明度的强对比。根据明度色带轴上长、中、短的不同跨度距离，分别加进相对小面积的点缀色，就可构成明度色彩的长调强对比、中调中对比、短调弱对比关系，即明度九调：高明度长调、高明度中调、高明度短调；中明度长调、中明度中调、中明度短调；低明度长调、低明度中调、低明度短调。因此画面明度对比的强弱取决于明度组合关系在色带轴上跨度距离的远近。

图 14.8　高长调（西斯莱）

图 14.9　高中调（梵高）

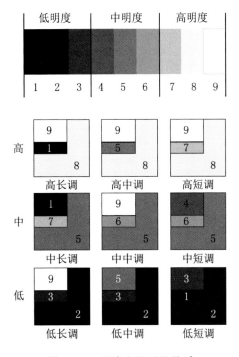

图 14.10　明度九调对比关系

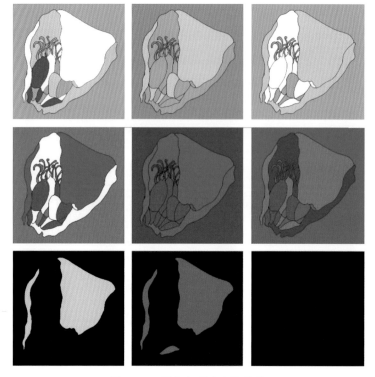

图 14.11 同色相明度九调作品

图 14.12 同色相明度九调作品

（3）纯度对比。纯度对比是指色彩之间的纯度差异产生的对比。纯度对比的强弱取决于纯度差，一般分为以下 3 种类型：

● 纯度弱对比：构成画面的主色之间的纯度差在 3 级以内的对比。

● 纯度中对比：构成画面的主色之间的纯度差在 4～6 级的对比。

● 纯度强对比：构成画面的主色之间的纯度差大于 6 级的对比。

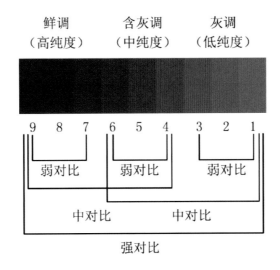

图 14.13　纯度对比示意图

根据画面中颜色的纯度差异，纯度对比又可以分为 3 种基调，即 9、8、7 级为高纯度的鲜调，6、5、4 级为中纯度的含灰调，3、2、1 级为低纯度的灰调。3 种基调依次形成 4 种对比关系，即纯度高彩对比、纯度中彩对比、纯度低彩对比和纯度艳灰对比。

1）纯度高彩对比：色彩在纯度色带轴上相差 6 级以上，对比强烈，对比效果最明显。纯度高彩对比给人快乐、热烈、积极上进、活泼、冲动的心理感受，但同时也可能给人嘈杂混乱、生涩强硬、低俗轻浮的感受，为了使画面避免这种效果，可以在里面加入小面积的含深灰的复色色彩。

2）纯度中彩对比：色彩在纯度色带轴上相差 4～6 级，对比柔和。纯度中彩对比给人温和、文雅、柔和、可靠、亲和的心理感受。在纯度中彩对比中，为了使画面具有层次丰富的效果，可以使用小面积高彩色或低彩色来点缀，否则有可能视觉辨识度不高，画面容易缺乏生气。

3）纯度低彩对比：色彩在纯度色带轴上相差 3 级以内，对比较弱。纯度低彩对比给人色调柔弱、统一含蓄、低调、简朴、安静、随和的心理感受，容易调和，也易缺乏变化，可能会给人模糊、灰、脏、消极悲观、软弱无力、陈旧沧桑的心理感受。

4）纯度艳灰对比：色彩在纯度色带轴上间隔 8 级以上的对比，是低彩度色与高彩度色的搭配组合，色彩效果具有饱和、明确、肯定的特点。

图 14.14　纯度高彩对比作品

图 14.15　纯度中彩对比作品

图 14.16　纯度低彩对比作品

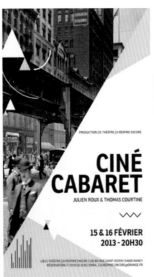

图 14.17　纯度艳灰对比作品

　　纯度高彩对比与纯度艳灰对比的相同点：二者都有高彩度色彩在里面；不同点：纯度高彩对比是高彩度与高纯度的色彩对比，而纯度艳灰对比是灰色与高彩度的色彩对比。

　　降低色彩纯度的 5 种方法是：纯色加白色、纯色加黑色、纯色加灰色或同时加入黑白二色、纯色加互补色、纯色加三原色。利用纯度对比可以衍生出无数个不同程度的灰色，从而构成极其丰富的色彩变化，这在色彩应用中起到很重要的作用，具有柔和自然的视觉效果和含蓄耐人寻味的心理感受，因此在设计中被广泛运用。

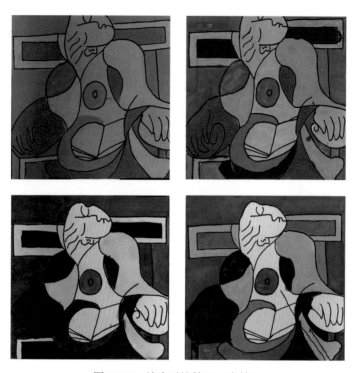

图 14.18　纯度对比练习（水粉）

图 14.19　纯度调和运用在视觉设计中

（4）面积对比。是指各种色彩在构图中占据量的对比，是数量的多与少，面积的大与小的对比。尽管面积对比同色彩本身的属性没有直接的关系，但却对色彩的效果产生深刻的影响。

色彩面积的大小直接关系到色彩的传达。比如同明度、同纯度的红色，在构成的画面中面积大小不同，给人的感觉也会不同。当两种颜色以相同的比例出现时，色彩对比最强烈；当一方面积增大，一方面积减小时，整体色彩的对比效应也相应减弱。如果色彩的面积过小，则会被忽视，被其他色同化。有的颜色面积大，反而增加了刺激性。为了调整它们的关系，除了改变色彩的色相、明度、纯度外，合理控制各种色彩占据画面的比例也是至关重要的。

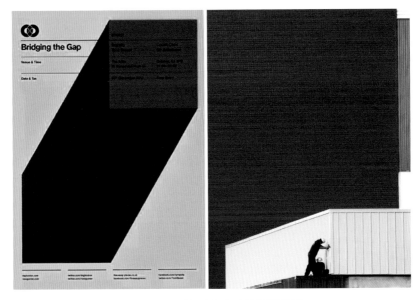

图 14.20　面积对比产生的视觉差异

（5）冷暖对比。人们对色彩的冷暖感觉来自两个方面：一方面是色彩的物理性，具有长波的暖色光附带的热能多，如红色、黄色等，具有短波的冷色光附带的热能少，如蓝色、紫色等；另一方面是人对色彩的生理感觉，如看见太阳光、火焰等红黄色会感到温暖，看到海水、月光等蓝青色会感到寒冷。冷色调带给人们透明、清冷、理智、收缩等心理感受；暖色调带给人们不透明、阳光、烦躁、扩张等心理感受。

在孟塞尔色相环划分的冷暖对比中，首先找出最暖色——橙，定为暖极。再找出最冷色——蓝，定为冷极。根据孟塞尔色相环的 10 个主要色相由暖极橙到冷极蓝划分的 6 个冷暖区。橙为暖极是最暖色，红、黄是暖色，品红、黄绿是中性微暖色，紫、绿是中性微冷色，蓝紫、蓝绿是冷色，蓝为冷极是最冷色。

冷暖的极色对比即冷暖的最强对比。冷极与暖色的对比、暖极与冷色的对比为冷暖的强对比。暖极色、暖色与中性微冷色，冷极色、冷色与中性微暖色的对比为中等对比。暖极与暖色、冷极与冷色、暖色与中性微暖色、冷色与中性微冷色、中性微冷色与中性微暖色的对比为冷暖的弱对比。

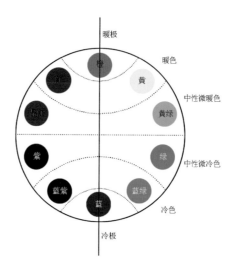

图 14.21　色彩的冷暖分类

图 14.22　色彩的冷暖对比运用

任务实施

任务 1：色彩明度对比构成练习

利用 Photoshop 软件绘制一幅构图丰富的图形，复制 9 份，分别作为明度对比的构成图形元素。再根据该图形进行 2 ～ 3 个色相配置，每个色相色彩分别进行明度 9 阶序列推移练习。

1. 任务要求

（1）作业数量：9 幅组合作品。

（2）作业尺寸：单幅尺寸 7cm×7cm，外框尺寸自定。

2. 实施过程

（1）打开 Photoshop 软件，新建一张空白画布，建好参考线。

（2）将选出的一个色相进行明度 9 色阶的排列。

（3）绘制一个基本型，在画面中复制 9 份。

（4）按明度色带横向高、中、低明暗层次排列，使轴递进变化过渡自然。

（5）根据明度色带轴上长、中、短的不同跨度距离分别加进相对小面积的点缀色，就可构成明度色彩的长调强对比、中调中对比、短调弱对比。

（6）对整体画面进行审视，正确处理画面主导色、点缀色、过渡色之间的面积比率。

任务 2：色彩纯度对比构成练习

绘制一幅简洁的图形，利用 Photoshop 软件，选择 4 个色相（以红、黄、蓝、品红为例），根据每个色相的纯度 9 阶序列推移轴，运用纯度对比知识做纯度 4 调（高彩对比、中彩对比、低彩对比、艳灰对比）构成练习。

1. 任务要求

（1）作业数量：4 幅作品。

（2）作业尺寸：单幅尺寸 10cm×10cm。

2. 实施过程

（1）打开 Photoshop 软件，新建一张 23cm×32cm 的空白画布，建好参考线，如图 14.23 所示。

图 14.23　新建画布和参考线

（2）绘制 1cm×3cm 的矩形并填充红色（M100Y100），如图 14.24 所示。

图 14.24　创建红色矩形框

（3）将红色矩形复制一个图层，按 Ctrl+U 组合键打开"色相 / 饱和度"对话框，或者单击菜单栏中的"图像"→"调整"→"色相 / 饱和度"，将饱和度数值调整为 -10 并填充，如图 14.25 所示。

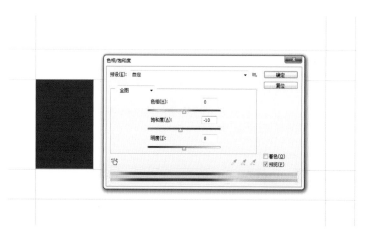

图 14.25　调整色彩的饱和度

（4）依此类推，将饱和度降低 10，完成红色纯度 9 阶的绘制，如图 14.26 所示。

图 14.26　完成红色纯度 9 阶的绘制

（5）同理完成黄（Y100）、蓝（C100）、品红（M100）三色的纯度 9 阶的绘制，如图 14.27 所示。

图 14.27　完成四色纯度 9 阶的绘制

（6）绘制一个简单基本型并复制 3 份，如图 14.28 所示。

图 14.28　完成基本型的绘制

（7）用四色前三级色阶完成纯度高彩对比，用 4 ～ 6 级色阶完成纯度中彩对比的绘制，如图 14.29 所示。

图 14.29　纯度高彩对比和纯度中彩对比

（8）用 7 ～ 9 级色阶完成纯度低彩配置，用跨度大于 6 级的色彩搭配完成纯度艳灰对比的绘制，如图 14.30 所示。

图 14.30　纯度低彩对比和纯度艳灰对比

对整体画面进行审视，正确处理画面主导色、点缀色、过渡色之间的面积比率，特别是要掌握好纯度低彩对比和纯度艳灰对比关系的微妙变化。

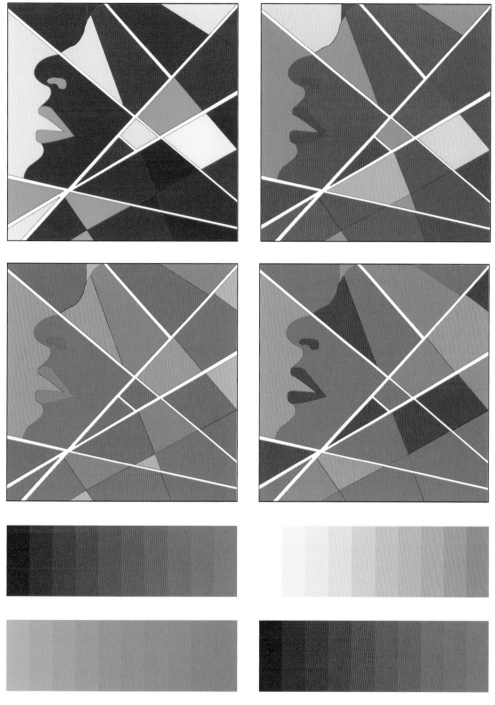

图 14.31　纯度对比完成效果

任务 3：色相对比构成练习

根据色环中的各种色彩对比关系，用 Photoshop 软件绘制一个基本图形，做一组类似色对比、邻近色对比、对比色对比和互补色对比练习。

1. 任务要求

（1）作业数量：4 幅作品。

（2）作业尺寸：单幅尺寸 10cm×10cm。

2. 实施过程

（1）从色相环中选择一个色相，根据配色设计出基本图并复制 3 份。

（2）设置好选择色相的 CMYK 值，再找到对应的类似色、邻近色、对比色和互补色，制作好色阶。

（3）根据选用图形对整体进行填色，正确处理画面主导色、点缀色、过渡色之间的面积比率。

任务 4 ：冷暖色调对比构成练习

采用同一个图形做冷暖色调对比构成，即对比性暖调、对比性冷调、紫色系中间色调、黄绿色中间色调 4 种冷暖对比练习。

1. 任务要求

（1）作业数量：4 幅作品。

（2）作业尺寸：单幅尺寸 10cm×10cm。

2. 实施过程

（1）在色相环中，根据冷暖关系即蓝色为最冷，红色为最暖，选择相应的色相来组织构成画面。

（2）对色相环中选出来的色相设置好 CMYK 值，做好色阶。

（3）4 幅图案选用同一图形，再根据选用图形进行填色，正确处理画面主导色、点缀色、过渡色之间的面积比率。

考核要点

在该学习情境中，做的是色彩标准的配色对比练习，通过丰富多彩的色彩变换使学生对色彩知识充满好奇，从而激发学生的学习热情。该学习情境中主要对以下项目进行过程考核：

（1）通过对标准色的 CMYK 值的设置，结合所学知识进行明度、纯度的调整。

（2）各种对比构成的具体表现方法。

知识链接与能力拓展

1. 分析并学习色彩对比构成在设计中的运用

图 14.32 在包装设计中的运用

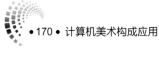

图 14.33 在室内设计中的运用

2. 课后研讨

（1）仔细观察身边环境，发现环境中好的色彩对比构成关系。

（2）思考色彩构成在不同细分设计中的运用。

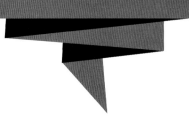

学习情境 15　色彩调和

- 了解色彩调和的概念。
- 掌握色彩调和的基本方法和规律。
- 能够运用色彩调和在设计中合理搭配。

任务描述

色彩调和构成和色彩对比构成是相对应存在的，它们是矛盾存在的两个方面，相对立又相互转换。在学习了色相对比调和、明度对比调和、纯度对比调和、面积对比调和和冷暖对比调和的相关基础知识后，再用 Photoshop 软件进行实践练习。了解色彩调和的目的是寻求色彩的统一性、协调性，即两个以上具有强烈视觉刺激的色彩组合调整为和谐而统一的整体，使其对比的力量减弱，最终形成和谐的画面效果。

相关知识

1．色彩调和的概念

色彩调和是指两个或者两个以上的色彩组成的色彩结构内部，通过有秩序、有条理的组织协调，形成和谐统一的色彩关系。

色彩调和是为了完善色彩体系、协调色彩秩序、平衡生理视觉。色彩调和的基本原理分为类似调和和对比调和。

2．色彩调和的意义

（1）使具有明显差别的色彩经过调整构成和谐而统一的整体。

（2）使具有明显差别的色彩能按照一定规律和法则自由组织，形成符合设计构思的色彩关系。

图 15.1　服装设计中的色彩调和

图 15.2　绘画作品中的色彩调和

图 15.3　建筑设计中的色彩调和

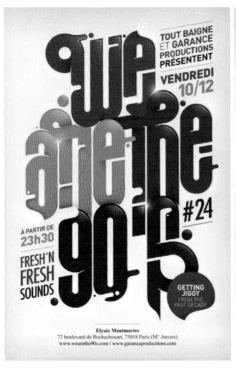

图 15.4　调整字体的饱和度提高与背景的对比度

3. 色彩调和的种类

（1）同一调和。当色彩因差异很大而产生刺激、不协调之感时，将这些色彩同时混合同一色彩因素，可使强烈的对比逐步缓和，形成和谐的画面。这种增加色彩对比各方同一性，在色相、明度、纯度三要素中，各色彩之间保持其中一个或两个要素不变，而变化其他要素的调和称为同一调和。

图 15.5　同一明度调和

图 15.6　同一纯度调和

（2）面积调和。面积调和是通过调整各色块在画面中所占的面积、形态而形成的色彩关系，这是一种多与少、主与次之间的比例调和。面积调和在色彩构成中占据非常重要的位置。它通过色彩之间面积增大或缩小来调节色彩对比的强弱，得到一种画面色彩平衡和稳定的效果。如果画面各色彩之间面积相当、比例相同，则难以调和；面积大小、比例各异，则容易调和。面积比例相差悬殊，就成为一种相互烘托、主次明确的有机整体，其对比关系也就越趋于调和。

图 15.7　绘画中运用面积调和

图 15.8　视觉设计中运用面积调和

（3）秩序调和。是指把色相、明度、纯度各不相同，对比过分强烈刺激的色彩，采用等差、渐变等方式有秩序、有规则地组织在一起，使画面获得有节奏感和韵律感的效果。秩序调和包括明度渐变调和、色相渐变调和和纯度渐变调和。当色相、明度、纯度按数理方式进行递增或递减时，必然产生一定的渐变和有规律的变化，从而形成秩序美的调和，渐变调和是秩序美的基本形式。秩序调和总的来说具有明快、华丽、有序、色感饱满、对比强烈而又和谐的美感。

图 15.9　秩序调和

图 15.10　秩序调和的运用

任务实施

　　进行色彩调和构成练习——色彩采集重构。从一切可以借鉴的素材（大自然、传统艺术、民间艺术、现代艺术等，包括照片、图片、绘画、民间艺术、自然物等）中的色彩进行借用和采纳，以色彩构成的设计要求和形式法则，对所采得的人工和自然色彩视觉平面信息进行理性和逻辑性的简化和归纳，做成有形式美感和设计意图的重构色彩图形。

1. 任务要求

（1）选择采集素材并对色彩进行归纳。

（2）调整借鉴对象的面积，完成新的图案绘制。

（3）作业尺寸：20cm×20cm。

2. 实施过程

（1）在 Photoshop 中新建画布和参考线，并寻找喜欢的借鉴对象导入软件中。

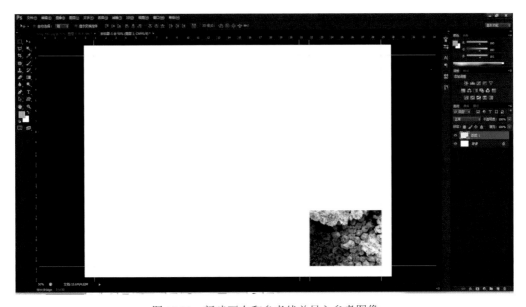

图 15.11　新建画布和参考线并导入参考图像

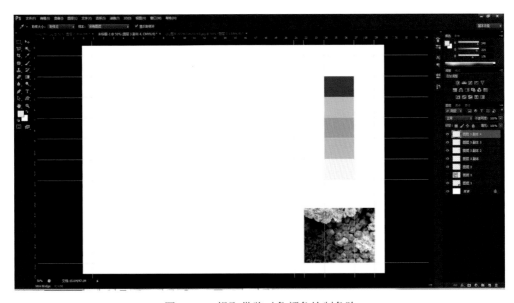

图 15.12　提取借鉴对象颜色绘制色阶

图 15.13　对借鉴图形重新进行构成设计

（2）对借鉴对象的色彩进行归纳，适当取舍，将提取的颜色单独绘制成色阶，方便填色时调取，如图 15.14 所示。

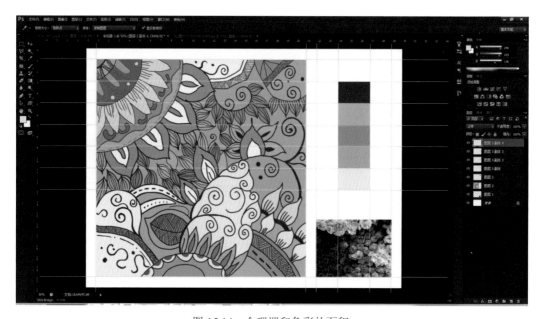

图 15.14　合理调和色彩的面积

（3）结合参考的图片进行抽象设计，对借鉴对象进行重构，完成图形设计。

（4）按照色彩对比与调和规律合理安排采集色标的色彩，完成色彩填充。

图 15.15　色彩采集重构习作（学生：陈泳言）

图 15.16　色彩采集重构习作（学生：唐瑞麒）

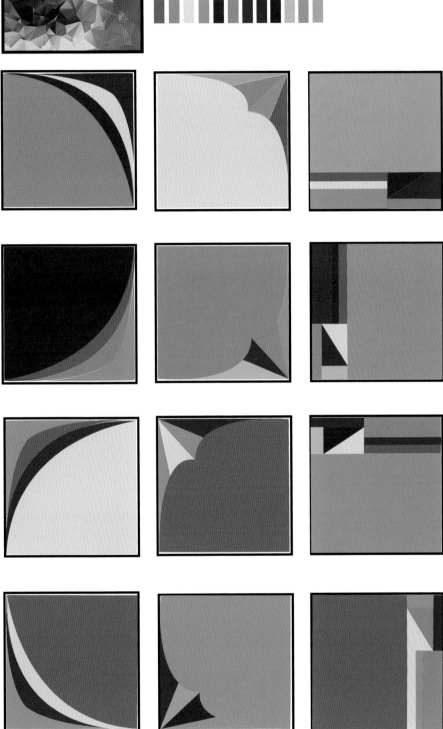

图 15.17　色彩采集重构习作（学生：吴昊）

图 15.18　色彩采集重构习作（学生：赵健宇）

考核要点

该学习情境中，做的是色彩调和的配色对比练习，通过明度、色相、面积等要素的调和，达到画面美感和优美的形式感。在该学习情境中主要对以下项目进行过程考核：

（1）直观感受色彩调和变换，掌握色彩变换带来的不同视觉效应。

（2）各种调和方法构成的具体表现手法。

（3）在此学习情境中会涉及后面将要讲述的色彩心理知识，请在练习中关注这些问题并积极思考。

知识链接与能力拓展

1. 色彩调和在设计中的运用

图 15.19　在视觉设计中的运用

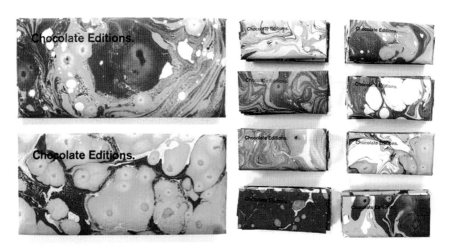

图 15.20　在包装设计中的运用

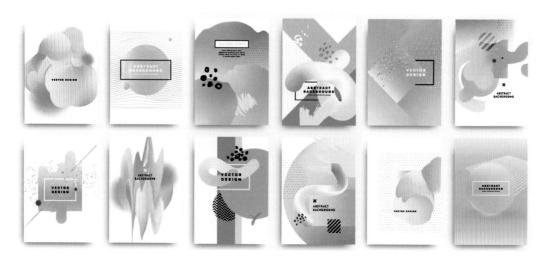

图 15.21　在视觉设计中的运用

2. 课后研讨

思考色彩调和构成在不同细分设计中的运用。

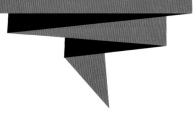

学习情境 16　色彩与心理

学习要点

- 了解色彩生理知觉特征。
- 了解色彩感情构成和色彩象征。
- 在设计过程中运用色彩情感来表达设计意图和内心感受。

任务描述

综合运用色彩构成的知识，掌握色彩的生理和心理各要素的相互关系，让色彩作品的表现力、视觉冲击和心理表达发挥出来，让作品的色彩与内容、感情统一起来。在对色彩与心理有一定认识后，练习利用色彩的不同感情来制作色彩作品，从而掌握在设计中如何运用色彩感情来表达设计意图和内心感受。

相关知识

1. 色彩心理效应的概念

色彩除了给人以色相、明度、纯度的感觉外，还能给人某种心理上的情绪性、功能性、象征性等不同感觉。长久以来，人们逐步对不同色彩有了不同的理解和情感上的共鸣。有的色彩给人朴素、淡雅的感觉，有的色彩给人奔放、舒适的感觉。

相同的色彩用在不同的场合、不同的呈现器物上，人的情绪也不尽相同。不同地区的人，因为生活习惯的不同、地域文化的差别，对色彩的喜好也各不相同。每个人都会根据自己的感受和喜爱去选择色彩。

2. 色彩感情

色彩感情是指人看到某种色彩产生的某种情感反应，就色彩本质而言，其并无感情。色彩的冷暖感本身并无冷暖温度，是色彩引起人们视觉上对冷暖感觉的心理联想。直接心理效应来自色彩的物理光刺激对人的生理产生的直接影响。

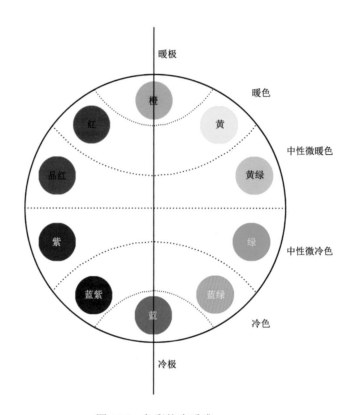

图 16.1　色彩的冷暖感

（1）色彩的冷感和暖感。色彩的冷暖感觉主要取决于色调，红、橙、黄色常常使人联想到太阳以及燃烧的火焰等，因此产生温暖、热烈、热情的感觉，被称为暖色；蓝、青、紫色常常使人联想到海洋、阴影，给人以严峻、冷静、平和的感觉，被称为冷色。红、橙、黄的色调都带暖感，即暖色调；蓝、青、紫的色调都带冷感，即冷色调。黄绿、紫红是不冷不暖的中性色。无彩色中的白色、黑色和灰色是中性色。

（2）色彩的轻重感。色彩的轻重感主要由明度决定。高明度有轻的感觉，低明度有稳重的感觉。白色最轻，黑色最重。不同的颜色，加入白色提高明度具有轻感，加入黑色降低明度具有重感。如黄、黄橙、黄绿比明度低的蓝、紫轻。这种感觉也是来源于生活中，看起来轻盈的物体大多是浅色的，厚重的物体多是深色的，例如白色的羽毛或雪花给人轻盈的感觉，深色的金属或石头给人以沉重感。当颜色的明度相同时，纯度高的比纯度低的感觉轻。以色彩的相貌分，轻重次序排列为白、黄、橙、红、灰、绿、蓝、紫、黑。

（3）色彩的柔软与坚硬感。色彩的软硬感与明度、纯度有关。凡明度较高的含灰色系具有软感，灰色系具有硬感；纯度越高越具有硬感，纯度越低越具有软感；强对比色调具有硬感，弱对比色调具有软感。白色最软，黑色最硬。

图 16.2 轻感

图 16.3 重感

图 16.4 软感

图 16.5 硬感

（4）色彩的明快感与忧郁感。色彩的明快感与忧郁感与纯度有关，明度高而鲜艳的颜色具有明快感，深暗而混浊的颜色具有忧郁感；低明基调的配色易产生忧郁感，高明基调的配色易产生明快感；强对比色调具有明快感，弱对比色调具有忧郁感。

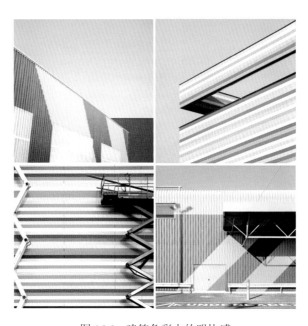

图 16.6 建筑色彩中的明快感

图 16.7 Jennifer Healy 绘画作品中的忧郁感

（5）色彩的兴奋感与沉静感。色彩的兴奋感也称"动静感"，是人的情绪在色彩视觉上的反映。红、橙、黄色给人以兴奋感，青、蓝色给人以沉静感，兴奋感与沉静感也来源于人们对色彩视觉上的联想，它与色彩对心理产生的作用有紧密联系。

（6）色彩的华丽感与朴实感。色彩的华丽感与朴实感和色彩的相貌、纯度、明度都有着密切的联系。鲜艳而明亮、色调活泼的颜色具有华丽感，颜色浑浊灰暗具有朴实感。有彩色系具有华丽感，无彩色系具有朴实感。

图 16.8 华丽感　　　　　　　　　　　　　图 16.9 朴实感

3. 色彩的象征意义

人们在长期的社会实践中，对不同的颜色产生不同的理解和情感上的共鸣，赋予不同的色彩象征意义。不同的颜色会给人不同的心理感受。每种色彩在饱和度、透明度上略有变化就会产生不同的心理感受。

（1）红色：是高纯度的颜色，瞩目性高，刺激作用大，强有力。红色具有较好的视觉效果，容易使人产生冲动，是一种雄壮的精神体现，象征吉祥、原始、愤怒、热情、活力、活泼、热闹、革命、温暖、幸福，属于年轻人的色彩。红色也是东方民族的传统色彩，是婚嫁喜庆习俗所推崇的颜色。由于红色的醒目特征，也常用作警示性标示用色。

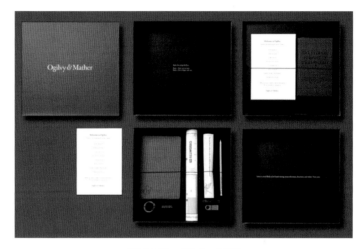

图 16.10　华丽、质感

图 16.11　祝福、吉祥

图 16.12　性感、热情

图 16.13　清新、雅致的少女形象

（2）粉色：是温柔的颜色，代表梦想、幸福，是柔和和浪漫的象征，是女性的代表色，充分体现出清纯、淑女、可爱的少女形象，与红色相比，更适合青年女性。

图 16.14　针对女性产品的包装设计

图 16.15 打造甜美气息的包装

（3）蓝色：是典型的冷色调，最能表现凉爽、清新、深远、永恒、沉静、寒冷等含义。蓝色最能使人联想到大海和天空，象征广阔、高深、无穷，带有理性、大方、神秘的情感。随着人类对太空领域的开拓，它又有了象征科技的极强现代感。蓝色和白色混合，能体现柔顺、淡雅、浪漫的气氛，给人以平静、理智的感觉；和黑色混合，充满迷人的深邃魅力，给人以端庄、大气的典雅感觉。蓝色在设计中是应用最广的颜色。

图 16.16 普蓝色给人沉稳深邃的感觉

（4）橙色：是欢快活泼的色彩，是光感明度比红色高的暖色，使人有一种幸福感，具有轻快、热烈、温馨、时尚、光明、华丽、兴奋、甜蜜、快乐的感觉。它常使人联想到秋天的丰收喜悦和美味的食物，是最能引起人食欲的颜色，是食品包装的主要色。

（5）黄色：是明度极高的色彩，有温暖感，象征快乐、希望、高贵、希望、发展，给人感觉灿烂辉煌。

图 16.17　浅蓝色给人活泼、纯净的感觉

图 16.18　橙色广泛运用在食品包装上

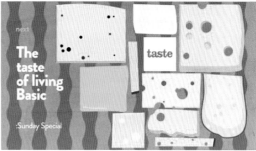

图 16.19 橙色给人兴奋、温暖的感觉

图 16.20 明黄色用在室内设计中给人以亮丽、轻快感

图 16.21 黄色用在广告上带给人愉悦感

（6）绿色：是植物的色彩，给人充满勃勃生机、和谐与安宁的感觉，使人有极强的慰藉感，被称为生命之色，象征自由、和平、新鲜、舒适。绿色介于冷暖色中间，具有消除疲劳和安全可靠的功能，在色彩调节方面具有重要的意义。

图 16.22 绿色带给人清新自然的感觉

图 16.23 绿色带给人健康的感觉

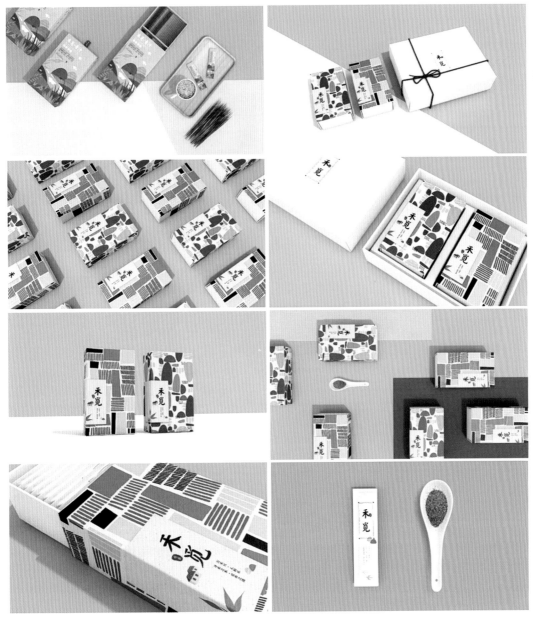

图 16.24 绿色带给人新鲜的感觉

（7）紫色：是大自然中比较稀少的颜色，所以给人以神秘感和高贵感，象征压迫、优雅、高贵、魅力、浪漫、奢华。紫色和不同颜色搭配使用会产生不同的效果，时而有胁迫性，时而有鼓舞性，在设计中使用需谨慎。

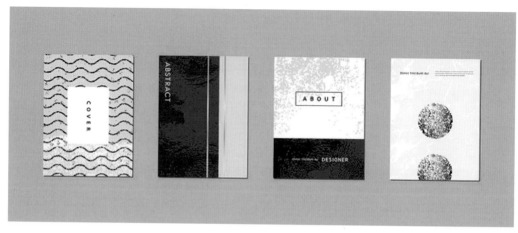

图 16.25　紫色封面设计给人以高贵、典雅的感觉

图 16.26　紫色海报给人以神秘感

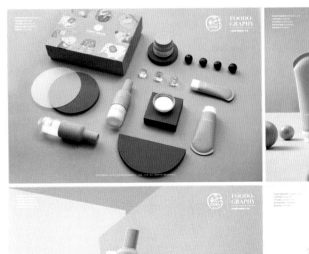

图 16.27　紫色包装设计给人以知性、优雅的感觉

（8）黑色：是最深暗的颜色，使人联想到万籁俱静的黑夜。黑色给人的心理影响主要分为两类，一类是消极情感，比如恐怖、阴森、忧伤、悲痛等，大部分国家和民族以黑色为丧色；另一类是积极的情感，比如安静、沉思、权威、高雅、庄重等，常被选作正装颜色。黑色与其他色彩组合，能够极好地衬托和显示它们的色彩。黑白组合，光感最强，颜色最分明。

（9）白色：是最明亮的颜色，使人联想到白天、白雪，象征洁白、神圣，给人明快、纯真、朴素、干净、雅洁、柔弱、虚无的感受。各种色彩加入白色提高明度变为浅色时，都具有高雅、柔和、恬美的情调。白色是一切色彩的辅助色，会衬托它们显得更加艳丽、明快。

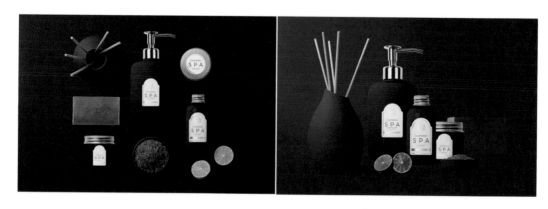

图 16.28　黑色应用在包装上给人以高雅之感

图 16.29　黑色作为辅助色衬托出其他颜色的色彩

图 16.30　白色作为辅助色衬托出其他颜色的色彩

图 16.31　白色用在产品包装上给人纯净的感觉

（10）灰色：居于黑与白之间，属于无彩色的中性色。给人平凡、温和、谦虚、沉默、中庸、寂寞、忧郁、消极、中立和高雅的感觉，作为背景色非常合适。美术展览和商品展示时常常用灰色做背景色，以此衬托出各种色彩的性格和情调。任何颜色都能与灰色混合，带有色感的灰色给人以高雅、精致、稳重的高档质感。如果滥用灰色，则显得平淡、乏味、沉闷。

图 16.32　灰色用在书籍封面设计中给人以精致的感觉

图 16.33　灰色用在室内设计中给人典雅、高雅之感

（11）金色、银色：这两个颜色是色彩中最为华丽的颜色，给人富丽堂皇之感，象征权力和富有。除了金银色以外，所有色彩带上金属光泽后，都会变为华贵的颜色。金银色与它们搭配后，更能增添辉煌。金色偏暖，给人华丽之感，象征荣华富贵、富丽堂皇；银色偏冷，给人高雅之感，象征雅致高贵、纯洁。使用好这两个颜色，不但能起到画龙点睛作用，还能产生现代设计美感。

图 16.34　金色用在室内设计的点缀上给人现代设计美感

任务实施

运用同一组造型和不同的色彩关系构成四幅系列化的形与色练习。

1. 任务要求

（1）用颜色来表达心理效应，分别表现出酸、甜、苦、辣四种味道。

（2）作业数量：4 幅作品。

（3）作业尺寸：单个 10cm×10cm。

2. 实施过程

（1）新建画布，尺寸为 23cm×23cm，并添加参考线以方便后面的图像绘制。

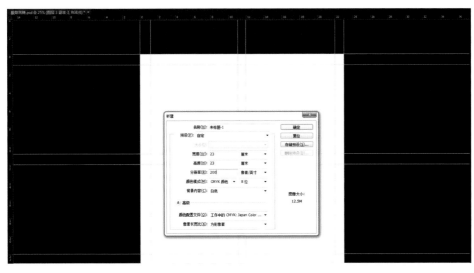

图 16.35　新建画布和参考线

（2）利用钢笔工具设计构图，完成基本形的绘制。

图 16.36　基本形的绘制

（3）第一幅是酸味，联想到青柠，参考青柠的颜色构思画面整体颜色，完成色彩填充。

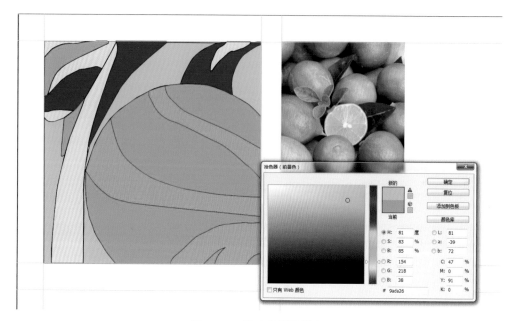

图 16.37　酸味的颜色填充

（4）第二幅是甜味，联想到粉色的水蜜桃，带给人温柔甜蜜的感觉，加入明快的黄色和淡绿色，增加欢快感。

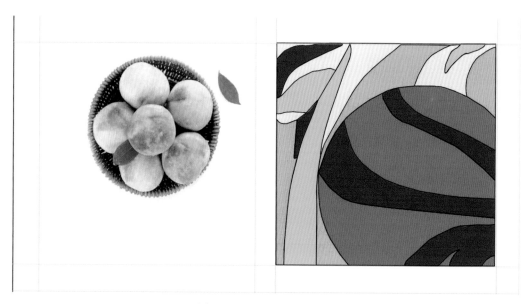

图 16.38　甜味的颜色填充

（5）苦味，在四味中往往是最不受人喜爱的味道，所以明度和纯度都最低，色相也相应要换成深色系，常见水果中颜色较深明度纯度较低的是葡萄，提取紫色来填充。

图 16.39　苦味的颜色填充

（6）辣味，让人直接联想到辣椒的高纯度红色，给人热情、奔放的视觉感受，搭配与红色互补的绿色更能反衬出红色的浓烈。

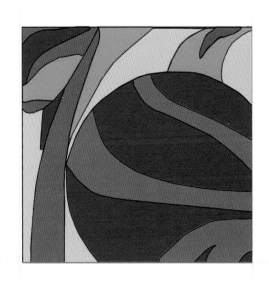

图 16.40　辣味的颜色填充

考核要点

该学习情境是对色彩情感表现的练习，在学习过程中做到"寻找感觉、准确表达"。在该学习情境中主要对以下项目进行过程考核：

（1）在色彩作品中是否准确地表达了心理感觉。

（2）通过基本形的设计，控制面积大小的划分，对色彩心理表达起到辅助作用。

（3）积极思考色彩与内容、感情之间的密切联系。

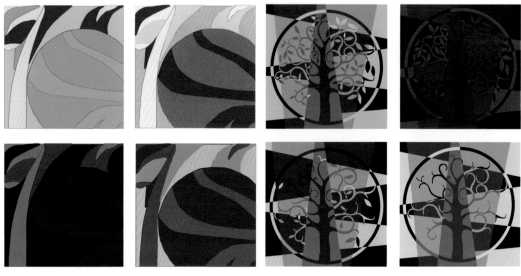

图 16.41　酸甜苦辣（易荣英）　　　　　图 16.42　春夏秋冬（王清文）

图 16.43　童年、青年、中年、老年　　　　　图 16.44　春夏秋冬

知识链接与能力拓展

1. 色彩感情在时尚摄影中的运用

分析并学习色彩感情在时尚摄影中的运用。

图 16.45　低明度和纯度色彩的忧郁感

图 16.46　高纯度的颜色能使人愉悦

图 16.47　暖色调的颜色能提高人们的食欲

2. 色彩感情在服装设计上的运用

分析并学习色彩感情在服装设计中的运用。

图 16.48　金色和白色的融合给人神圣、高贵之感

图 16.49　白色常用于婚纱设计中象征圣洁

3. 课后研讨

思考色彩感情在室内设计中是如何运用的，色彩感情还用于哪些艺术领域，在这些领域的设计当中又是如何运用的。

项目三
立体构成

学习情境 17 立体构成概述

学习要点

- 了解立体构成的概念及相关发展背景。
- 了解立体构成的内容和范围。
- 了解立体构成的学习方法。

任务描述

构成是将设计元素置入设计的基础训练，具有建构、组合、重构的意义。立体构成是研究立体空间领域里，设计元素形态及结构的形成及变化规律，培养对实体形态的概括能力和敏感性，了解材料对设计形态的影响，并掌握一定的材料工艺技巧，涉及材料、结构与工艺的适应性，是艺术设计与科学相结合的体现。

现代设计基础训练将平面构成、色彩构成和立体构成作为独立学科体系，立体构成是艺术设计的基础理论之一，它与平面构成和色彩构成有着不可分割的关系。立体构成是建立在三维空间内的构成艺术学，是平面构成和色彩构成的延伸，平面构成中的重复、渐变和色彩构成中的色彩关系都将运用于立体构成之中。立体构成的任务是，利用抽象的材料和模拟构造，创造纯粹的形态造型，从而引导学生从形态要素的立场出发，熟悉并掌握三维形体的造型规律。学生通过小组讨论的形式，了解学习立体构成的作用，尝试用材料和实例说明立体构成与建筑、环境、服装和产品设计的关系，提高对立体构成原理的理解和感悟。

相关知识

1. 立体构成的产生背景

立体构成也称为空间构成，是以一定的材料，以视觉为基础，以力学为依据，将造型要素按照一定的构成原则组合成美丽的形体。"立体构成"这门课程起源于 1919 年，是德国包豪斯设计学院在创办后确立的艺术流派。

包豪斯构成理论的产生是社会发展的必然结果，欧洲的产业革命为它的产生奠定了强大的物质基础。包豪斯以它敏锐的视觉针对性地提出了三个基本观点：一是艺术与技术的统一；二是设计的目的是人而不是产品；三是设计要遵循自然和客观规律进行。这三个基本观点无疑体现出现代设计的观点和意识，具有鲜明的时代特征。20世纪20年代，在包豪斯设计学院的瓦尔特•格罗皮乌斯、瓦西里•康定斯基、保罗•克利、莫霍里•纳吉等形式导师的共同努力下，初步奠定了立体构成在设计基础教育中的主体地位。

包豪斯在教育的实践中强调教育的主体（即学生）要培养实际动手能力，解决实践能力强弱的问题，将动手和动脑的训练贯穿于设计的全过程。在造型表现上，一切作品都要尽量简化成最简单的几何图形，其基本原则就是用几何形体（圆柱体、锥体、立方体、球体等）来表达客观对象。1923年，玛丽安•布兰德进入包豪斯的金属制品车间学习，受到莫霍里•纳吉的影响，将新兴材料与传统材料相结合，设计了一系列革新性与功能性并重的产品，其中包括了她1924年设计的水壶。她的设计采用几何形式，运用简洁抽象的要素组合传达自身的实用功能。1927年她设计了著名的"康登"台灯，具有可弯曲的灯颈和稳固的基座，造型简洁优美，功能效果好，并且适合于批量生产，成了经典的设计，也标志着包豪斯在工业设计上已趋于成熟。

水壶

"康登"台灯

碗

锅

图 17.1　玛丽安•布兰德作品

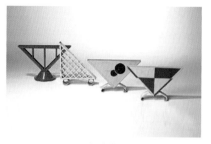
餐巾架

托盘

图 17.1　玛丽安·布兰德作品（续图）

发展至今，立体构成以产品设计、建筑设计、舞台设计等所有立体设计所共同存在的基础性、共通性问题作为设计研究对象和教育的重点。立体构成在建筑设计中的运用是最直接最普遍的，任何建筑实际上其本身就是一个放大了的立体构成作品。

图 17.2　建筑大师卡拉特拉瓦作品

2. 立体构成的内容和学习方法

立体构成是设计基础训练的课程和手段之一，重点培养形态造型构思能力，建立与形态相关的敏锐感觉，学会以理性思考分析形体再构成，从传统的纯感性美学意识中解放出来，提高对材料和工艺的理解和思考，把握物体的体量感，重视材料质感的应用，从造型审美形式升华到创意设计的实践。

在学习中要注意立体构成是通过实体的制作而获得的，因而它要受到材料和技术的制约，是材料、工艺、力学、美学等艺术与科学的综合。这一特征也是它与平面构成的根本区别。

任务实施

小组讨论并实施下列问题，记录、整理同学们的答案，并尝试用材料和实例说明观点：
（1）为什么立体构成是建筑、环境、服装和产品设计的基础课程？
（2）学习了立体构成能做什么？

考核要点

该学习情境主要是关于立体构成概述的练习，积极引导学生进行立体和三维空间里的设计形式的基础学习。由于涉及立体、空间、材料、运动等，应注意对结构和整体形式的把握，在学习过程中特别要以全局和立体的思维方式提高对立体构成原理的理解和感悟。在该学习情境中主要对以下项目进行过程考核：立体构成与平面构成的联系及区别。

知识链接与能力拓展

1. 立体构成在设计中的运用

图 17.3　立体构成在家具设计中的运用

图 17.4　立体构成在包装设计中的运用

图 17.5　立体构成在建筑设计中的运用

2. 课后研讨

立体构成与立体空间设计。

学习情境 18　点的立体构成

学习要点

- ▢ 了解点立体的概念。
- ▢ 了解点立体的视觉特征。
- ▢ 掌握点立体的构成方式。
- ▢ 理解点立体构成在设计中的运用。

任务描述

　　点立体构成是空间形态构成的基本造型要素之一，也是设计的基础元素，是形态要素中最小的形态。点立体的形态相对较小，一般不能单独组成造型，必须借助支撑或软质线材的悬挂来完成。在对点立体的概念有了一定认识后，充分利用不同材质、不同工具、不同表现手法以不同的点立体为基本空间元素进行空间组合。

相关知识

1. 点立体的概念

点是最简洁的几何形体，是视觉能够感受到的基本元素。

几何学上谈到的点表示空间的位置，是无形态的，没有大小面积，没有厚度和宽度。在数学上，线与线相交的交点是点的位置。而作为空间造型要素的"点"是有面积、形态和位置的视觉单位。形态以球体居多，其他形态的点还具有方向性。在立体空间构成中，点的概念只是一个相对概念，它是在比较中存在的。

　　点在空间中的位置不仅和人的视觉相联系，还依赖于周围造型要素的比较，或者说依赖于所处的空间位置，从而被感知，具有相对性的特点。点在空间中的位置非常灵活。空间中的一点常会引起视觉稳定的集中注意，常常成为视觉中心而与空间的关系显得十分和谐。而当点居于空间边缘时，静态的平衡关系则被破坏。点的位置移至上方一侧，会产生不安定的感觉。当点移至下方中点时，就会产生踏实的安全感。如果想在踏实的安定之中增加运动感，可将点移至左下或右下能看见的位置。

2. 点立体的特征

点的形态是相对的，分为几何形态和自然形态。在几何形态中，有方、圆、三角等形体。

在立体构成中点常常是与其他形态要素相组合的，很少作为纯粹的三维结构来造型。因为很多时候要将立体的点固定在空间中就必须依赖于支撑物，如线材、面材的立体形态，所以从构成形式上看就很少有单独的点造型。

3. 点立体的构成方式

在造型活动中，点常用来表现强调和形成节奏。空间中点的不同的排列方式，可以产生不同的视觉关系。由大到小排列点，产生由强到弱的运动感，同时产生空间深远感，能加强空间变化，起到扩大空间的作用。

图 18.1　点立体构成（学生习作）

4. 点立体在空间中的作用

点在空间中往往起到点缀的作用。在空间中实体点本身有形状、大小、色彩、质感等特征，当这些特征与周围环境要素的对比强烈时，就形成视觉的注目点，吸引人的视线，从背景中跳跃出来。点在空间中又可以起到活跃气氛的作用，在规则、呆板的空间环境中，常常需要用点实体来丰富空间，调节气氛。

任务实施

使用不同的材料，比如纸、塑料等进行点立体的制作，并使用不同的工具、不同的方法进行"点"的形态造型。要求从点的大小、形状、排列组织形式诸方面进行思考。

完成该任务的注意事项：

（1）选择和使用好点立体的附属支撑物，安全科学地使用加工工具。

（2）作业数量：3～5 个模型。

（3）作业尺寸：在 400mm×600mm 的木工板上进行空间点立体创作。

步骤一：用工具将所选材料加工成自己预想的点立体形态。

步骤二：利用附属支撑物，按照预想进行空间点立体的排列组合。

考核要点

该学习情境，积极引导学生作有关点立体的空间创作练习，充分认识点在空间中的体量关系。在该学习情境中主要对以下项目进行过程考核：

（1）点立体材料的寻找、不同工具的正确科学使用、不同的空间排列组合方式所产生的不同效果。

（2）点立体空间排列构成的表现手法。

（3）在此学习情境中会涉及立体空间构成形式美法则的知识，在练习中引导学生关注这些问题，积极思考。

知识链接与能力拓展

1．点立体在设计中的运用

图 18.2　室内的点立体灯

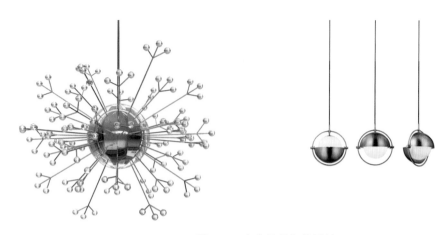

图 18.3　点立体的灯饰设计

图 18.4　室内的点立体装饰

2. 点材立体构成在计算机中的运用

在艺术设计中的室内空间、环境空间、服装艺术、工业产品造型艺术等领域，点立体的设计制作或施工以前，可以通过电脑三维软件对最终的点立体效果进行模拟，再根据这个虚拟的真实空间进行有目的的调整，以达到最佳的点立体空间效果。

下面给出三维软件中点立体的建立方法（以 3ds max 2012 为例）。

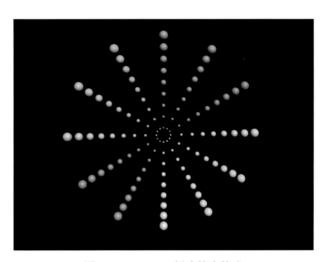

图 18.5   3ds max 创建的点构成

（1）打开 3ds max 2012 软件，在命令面板中找到"创建"，在创建命令栏中找到"球体"（这里点的创建以球形为例，其他几何形体的创建均与此类似），半径设置为 1000mm，分段数设置为 35，如图 18.6 所示。

图 18.6   创建球体

（2）在前视图中进行创建，如图 18.7 所示。

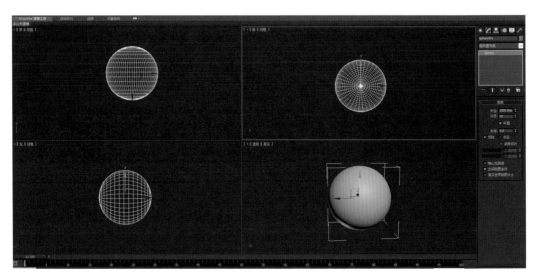

图 18.7　前视图创建完成效果

（3）按住 Shift 键，再按住鼠标左键进行移动复制，复制数量为 8，如图 18.8 所示。

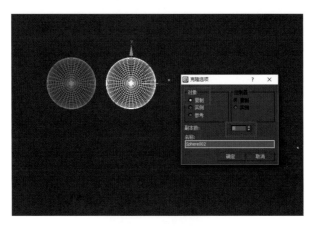

图 18.8　复制球体

复制完成后的效果如图 18.9 所示。

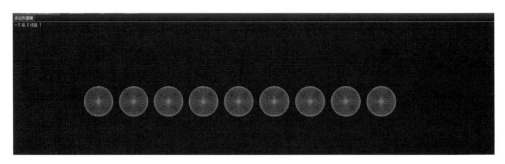

图 18.9　复制完成后的效果

（4）选择复制的球体，改变每个球的半径，依次为 900mm、800mm、700mm 等，球体半径改变后的效果如图 18.10 所示。

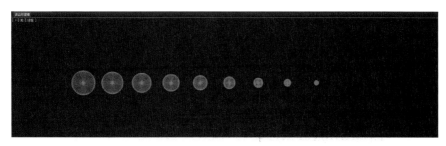

图 18.10　设置每个球的半径效果

（5）按 Ctrl+B 组合键让所有的球体成组，如图 18.11 所示。

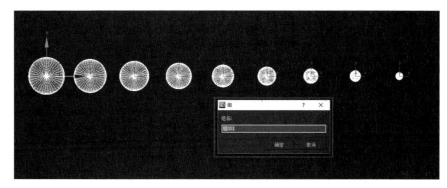

图 18.11　成组

（6）在命令面板中找到"图形"，再找到"圆"，半径设置为 500mm，在前视图中进行创建，如图 18.12 所示。

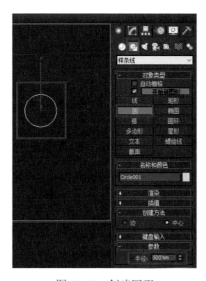

图 18.12　创建圆形

（7）选择球体组，在命令面板中找到"层次"命令，选择"仅影响轴"，如图 18.13 所示。

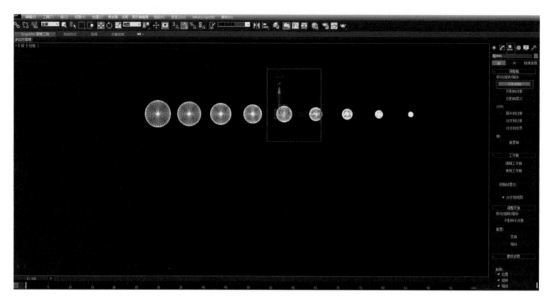

图 18.13　打开"仅影响轴"的效果

（8）按 Alt+A 组合键，让球体与圆形在 Y 轴位置中心对齐，如图 18.14 所示。

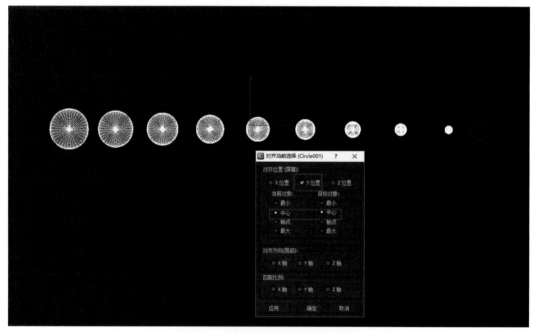

图 18.14　球体与圆形在 Y 轴位置中心对齐

（9）选择球体，在命令面板里选择"层次"，单击"仅影响轴"，按 Alt+A 组合键，拾取圆形，让它们在 X、Y 位置中心对齐中心，如图 18.15 所示。

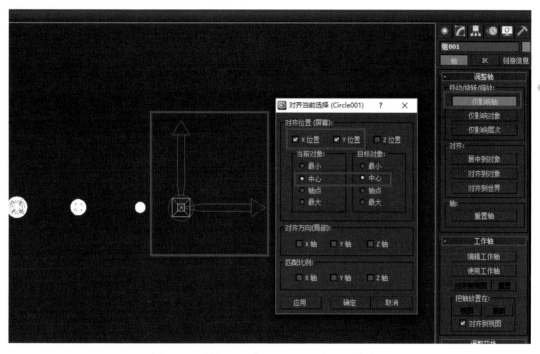

图 18.15　轴与圆形在 X、Y 位置中心对齐中心

（10）对齐之后，关闭"仅影响轴"，如图 18.16 所示。

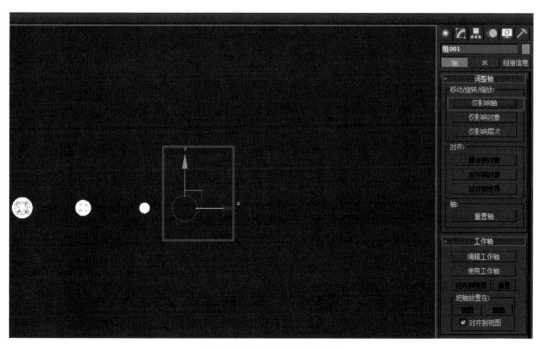

图 18.16　关闭"仅影响轴"

（11）选择"角度捕捉切换"命令，右击，设置角度为 30 度，如图 18.17 所示。

图 18.17 设置捕捉角度

（12）按 E 键，选择并旋转工具，在前视图中进行旋转复制，数量设为 11，如图 18.18 所示。

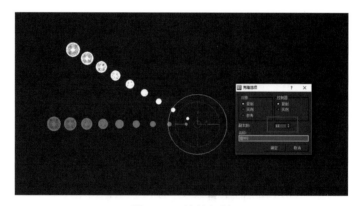

图 18.18 旋转复制

复制完成后前视图显示的效果如图 18.19 所示。

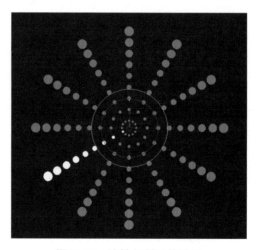

图 18.19 旋转复制后的效果

透视图中的效果如图 18.20 所示。

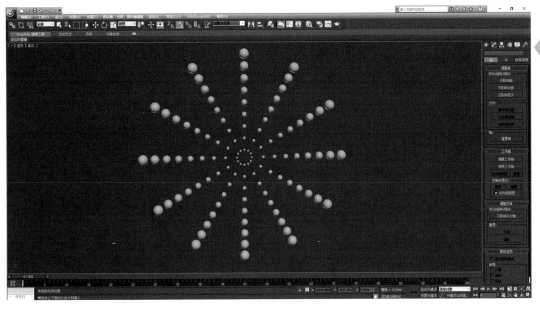

图 18.20   在透视图中的效果

（13）选择每个组，给予不同的颜色，如图 18.21 所示。

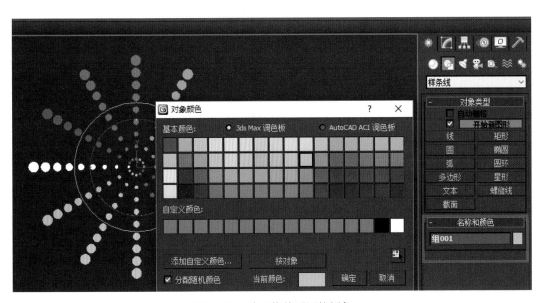

图 18.21   给予物体不同的颜色

3ds max 软件创建的点构成完成效果如图 18.22 所示。

图 18.22　最终完成后的效果

3. 课后研讨

（1）发现生活中点立体的众多形态。

（2）思考点立体的空间形态在设计中如何创新应用。

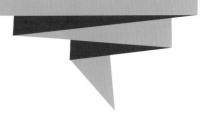

学习情境 19　线的立体构成

学习要点

- 了解线立体的概念。
- 了解线立体的视觉特征。
- 掌握线立体的构成方式。
- 理解线立体构成在设计中的运用。

任务描述

线立体是点立体在空间中运动的轨迹形态，是立体构成的基本要素之一，是空间形态构成的基础造型要素。点立体移动的方向的变化，可带来线的曲直变化。在造型学中，线就是线体或线材，不仅有长度，而且有宽度和厚度，还有粗细、软硬的区别。线也是设计的基础元素，在本学习情境中利用不同工具、不同表现手法以不同的线立体为基本元素进行空间立体组合。

相关知识

1. 线立体的概念

由几何学的定义可知，线是点运动的轨迹。将这个空间轨迹用材料固定下来，就成了各种实际的线立体形态。线的运动构成了面。线是构成空间立体的基础，线的不同组合方式可以构成千变万化的空间形态，如常见的面和体。立体构成中的线是指相对细长的立方体形。线从形态上大致可以分为直线和曲线两大类。

2. 线立体的特征

线在立体造型中有着重要的作用，一般是通过线材来完成形态塑造。线能够形成形体的骨架，成为结构体本身；线还能决定形体的方向，强调形体的轮廓等。而使用线材在三维空间中构成立体时要注意两方面的问题：一是其造型的结构；二是线材间的空隙。

只有处理好了这两个方面，才能使整个立体形态具有较强的层次感、伸展感以及力动性的韵律感。

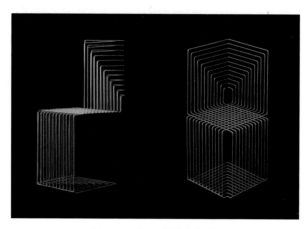

图 19.1 线立体的钢丝椅

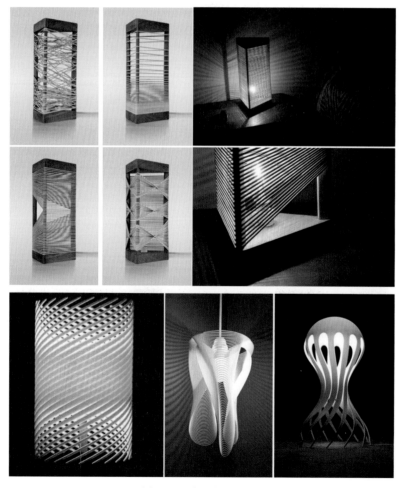

图 19.2 线立体的灯饰

3．线立体的构成方式

（1）框架构造。框架构造是独立线框的空间组合，是一种重要的线材构成方式。在建筑和装置中经常可以看到框架构造这种方式的应用。以线材作框架构造时，可以是几何形规则的，也可以是自由形不规则的。由于框架构造直接显露结构关系，因此常常表现出一定的力度感和形式感。

从其构成的特点可以将框架构造分为两个部分：平面线框构造和立体线框构造。它们可以是单体造型，也可以是单体组合造型，组合方式有重复、渐变、类似等。

- 重复：用相同的平面线框按一定的秩序排列或交错进行垒积。
- 渐变：用大小渐变的线框排列、插接。
- 类似：采用类似的线框进行自由组合。

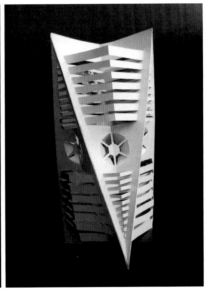

图 19.3　框架构造的线构成训练（学生习作）

（2）垒积构造。把材料重叠起来作成立体的构造物，称为垒积构造。垒积构造与框架构造非常相似，所不同的是其节点不是刚节而是松动的滑节，是靠接触面之间的摩擦力来维持形体，只要横向一受力就会移动倒塌。但当受外力作用时，材料自身就会移动，而不会在材料内部产生破坏力。

（3）网架构造。是采用一定长度的线材，以铰接构造将其组合成为一定的几何外形，以此为单位组成的网构造体就称为网架构造。由于其各内部间的相互支撑作用，因而整体性较强，稳定性较好，空间刚度大。

（4）拉伸构造。是通过锚固定措施将线拉伸而构成的稳定立体。线材被拉伸后，会产生很强的反抗力，利用这种反抗力可以"悬挂"起很重的物体来。斜拉桥就是这种结构在生活的应用。

图 19.4　垒积构造的线构成训练（学生习作）

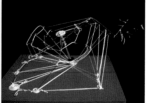

图 19.5　网架构造的线构成训练（学生习作）

图 19.6　拉伸构造的线构成训练（学生习作）

（5）线织面构造。以线材按某种规律（母线及母线移动的轨迹）来逐渐排列出相应的曲面或直面，这种造型的方法称为线织面构造。以基本线织面为基础，再加上母线软硬的不同、导线物质的变化、运动速度的差别、方向位置的区别，将得到无数奇妙的线织面。根据有无支架，还可以进行线织面的组合，从而创造出神奇的形态来。

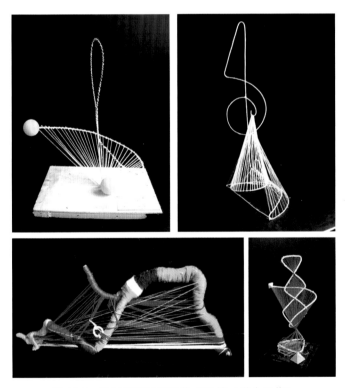

图 19.7　线织面构造的线构成训练（学生习作）

任务实施

使用不同的材料、不同的工具、不同的手法进行"线"的形态造型。要求从线的长短、粗细、扭曲方式和程度、排列效果、组织形式诸方面进行思考。

完成该任务的注意事项：

（1）被固定的部分应结实稳定，不易变形或脱落，根据上面所阐述的方法来综合思考，兼而有之地进行创作。

（2）作业数量：3～5个实体模型。

（3）作业尺寸：在400mm×600mm的木工板上进行线立体空间创作。

步骤一：用钳子把金属丝按预定好的长度、曲度进行加工。

步骤二：按上面所述的排列方法进行排列组合创作。

考核要点

该学习情境，积极引导学生做有关线立体的练习，让学生在不同材质的线造型上寻找空间线型美感、形式感及质地美感。在该学习情境中主要对以下项目进行过程考核：

（1）金属线材的寻找，不同工具的使用、不同排列方法的采用所产生的不同效果。

（2）线立体排列构成的表现手法。

（3）在此学习情境中会涉及立体构成形式美法则的知识，在练习中引导学生关注这些问题，积极思考。

知识链接与能力拓展

1. 线立体在设计中的运用

图19.8 框架构造

图 19.9　垒积构造

图 19.10　网架构造

图 19.11　拉伸构造

图 19.12　线织面构造

2. 线材立体构成在计算机中的运用

在艺术设计中的室内空间、环境空间、服装艺术、工业产品造型艺术等领域，线立体的设计制作或施工以前可以通过电脑三维软件对最终的线立体效果进行模拟，再根据这个虚拟的真实空间进行有目的的调整，以达到最佳的线立体空间效果。

下面给出三维软件中线立体的建立方法（以 3ds max 2012 为例）。

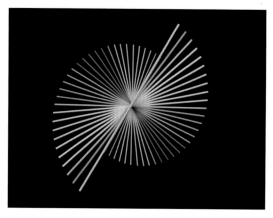

图 19.13　3ds max 创建的线构成

（1）打开 3ds max 2012 软件，按快捷键 G 清除 4 个视图的栅格线，然后在命令面板中找到"图形"，再找到"线"，如图 19.14 所示。

图 19.14 创建线

（2）在前视图中创建一条线，如图 19.15 所示。

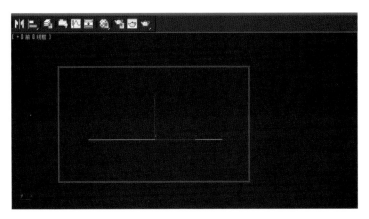

图 19.15 前视图中绘制线的效果

（3）在修改器命令面板里找到"可渲染样条线"命令，如图 19.16 所示。

图 19.16 为线添加可渲染样条线命令

（4）在"可渲染样条线"面板里，设置径向厚度为 1.8mm，边数为 40，如图 19.17 所示。

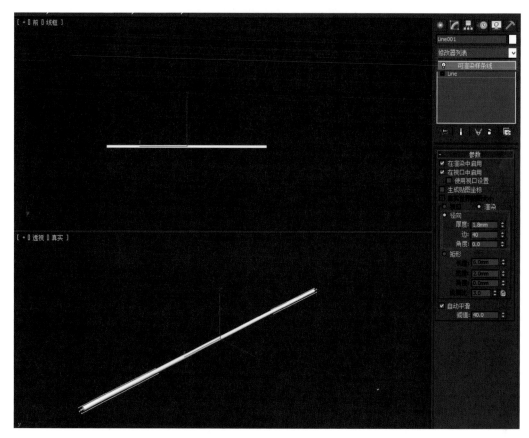

图 19.17　设置线的参数

（5）在前视图中进行复制，复制个数为 30，如图 19.18 所示。

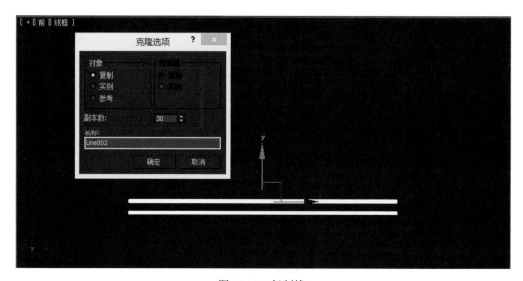

图 19.18　复制线

复制完成后的效果如图 19.19 所示。

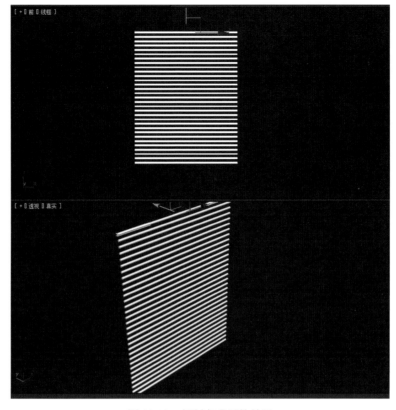

图 19.19　复制完成后的效果

（6）选中所有的物体，在菜单栏里选择"组"→"成组"命令，如图 19.20 所示。

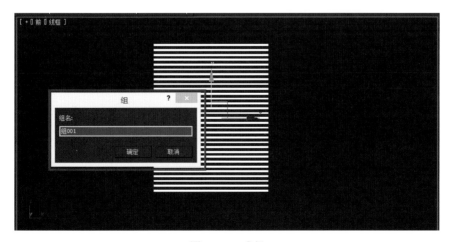

图 19.20　成组

（7）在修改器列表里找到"弯曲"命令，弯曲角度设置为 90，弯曲轴为 Y 轴，如图
19.21 所示。

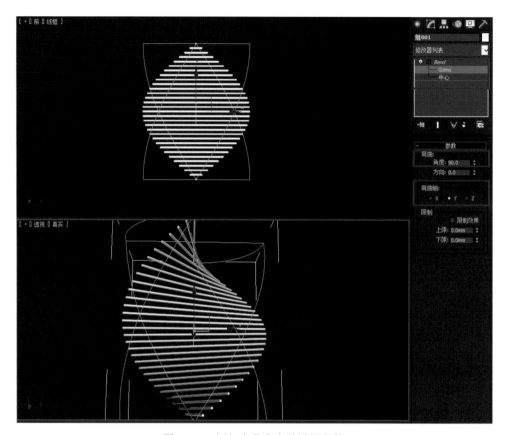

图 19.21   添加弯曲命令并设置参数

应用弯曲命令后物体在 4 个视图中的效果如图 19.22 所示。

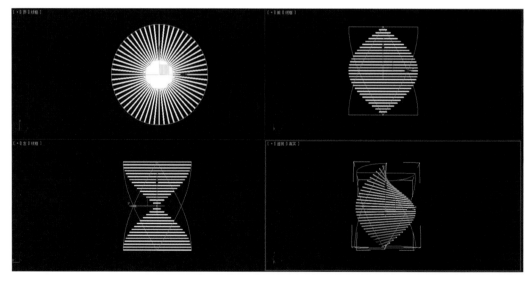

图 19.22   4 个视图中显示的效果

线立体构成的模型已经完成，效果如图 19.23 所示。

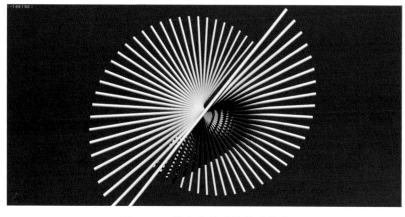

图 19.23　线立体构成的模型效果

（8）给予模型不同的颜色，还可以在透视图里选择最佳的角度进行渲染，最终完成效果如图 19.24 所示。

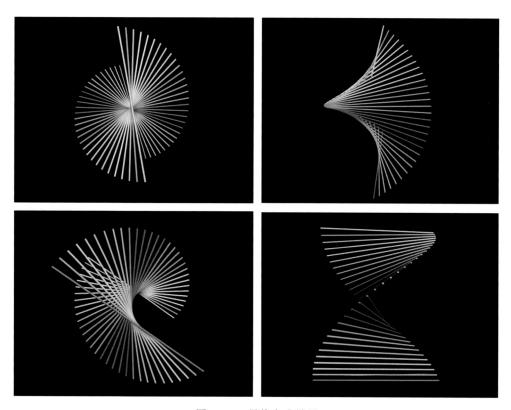

图 19.24　最终完成效果

3. 课后研讨

（1）发现生活中线立体的众多形态和多样的实际应用。

（2）思考线立体在现代空间环境中的设计应用。

学习情境 20　面的立体构成

学习要点

- 面材的定义。
- 面的视觉特征。
- 面构成的材料。
- 面材构成的形式。

任务描述

面材的立体造型在现代设计领域中的运用是十分广泛的。面材是立体形态中最主要的基本元素之一。学习立体构成不但要培养三维的立体感觉，把握物体的体积感，还要熟练综合运用材料，选择加工工艺，把握形体的变化方式，培养我们的动手能力。在对面材构成形式有了一定认识后，充分利用不同的面材、不同的构成形式进行面材立体构成制作。

相关知识

1. 面材的定义

面立体是以平面形态在空间中构成的形体，它富有分离空间或虚或实或开或关的局限效果。面材拥有长宽平薄形态。

2. 面材的视觉特征

面在三维的世界里是真实存在的，通过视觉既能看到它的平面，同时在立体空间中也能触摸它。面材有规则面和非规则面两种，也可分为平面与曲面两类。总体来讲，面材具有延伸感和充实感视觉特征。面也具有线材的特征，犹如人的皮肤。

常见面材有纸板、胶合板、玻璃板、木板、铁皮、有机板、塑料板等。

3. 面立体构成

面材的构成是空间分割、规划的重要练习方式，实用性非常广，其构成形式有面材半立体构成、面材板式排列立体构成、面材柱式立体构成。

（1）面材半立体构成。半立体构成是在面材上对某个部位进行立体上的造型加工，可以通过挤压、折叠、粘贴等方式完成，达到一种立体变化的效果。

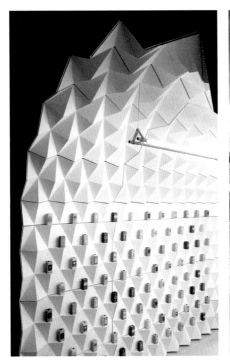

图 20.1　面材半立体墙面

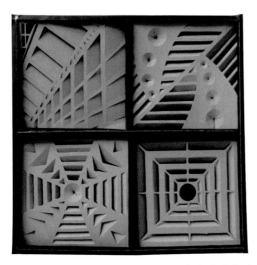
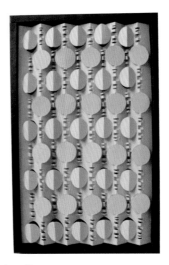

图 20.2　纸板半立体构成（学生习作）

（2）面材板式排列立体构成。面材的空间表现主要通过面材自身状态和面材空间组合状态来实现。层面的排列方式一般为直线、曲线、分组、错位、倾斜、渐变、发射、旋转等。基本面形应该简洁，便于加工，但组合后能具有丰富的变化，面形的变化形式有重复、渐变、交替、近似等。

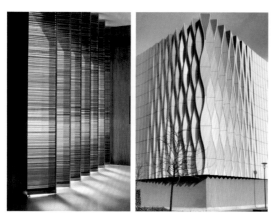

图 20.3　面材板式排列　　　　　　　　图 20.4　层面排列方式示意图

（3）面材柱式立体构成。柱式结构造型是半立体面材过渡到立体的第一个形态，柱式结构一般呈现出坚硬的质感，是一种相对独立的造型式样，主要通过面材的弯曲、折叠、连接而形成封闭式的具有体积感的空心结构。

图 20.5　面材柱式立体构成

4. 立体构成材料

（1）自然材料（木材、石材、黏土等）。自然材料给人以质朴、亲切、温馨、舒适的感觉，有极强的亲和力。

- 木材。温和轻便，易于加工，加工手法有锯割、刨削、雕刻、弯曲、结合等。
- 石材。坚固持久，常用材料有寿山石、青田石、大理石、花岗岩石等。

（2）工业材料（金属、无机非金属、有机、复合等多种类型的功能性材料）。人工复合材料是多学科、各种新技术和新工艺交叉融合的产物。

- 纸材料。质地温和，价格低廉，易于加工，有丰富的表现力和可塑性。
- 金属材料。坚固持久，品种丰富，加工技术多样，视觉质感丰富，在立体构成中被广泛使用。
- 玻璃材料。透明光滑，坚硬脆弱，有较强的耐热、抗腐蚀性能。用玻璃材料构成的空间有着无限扩展的视觉感，是开放性的理想材料。
- 塑料（通用塑材）。

任务实施

了解掌握各种材料的特性和表现性，采用各种手段，发掘材质的美感，做一系列自然材料、人工材料的练习。

完成该任务的注意事项：

（1）利用从商店、建材市场买来的纸材以及制作工具进行面材半立体构成制作，仔细观察纸材的肌理、性能、硬度，发掘材质的美感。

（2）作业数量：1～2个。

（3）作业尺寸：无。

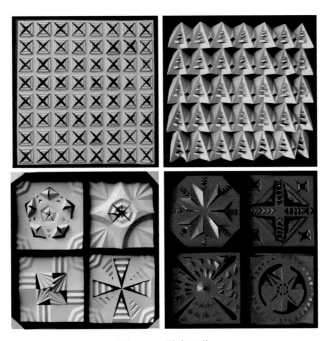

图 20.6 学生习作

考核要点

该学习情境，做的是面材立体构成的练习，在学习过程中应该先准确掌握面材的各种构成形式、排列方法、变化形式。在掌握相关知识的情况下再进行立体构成创作，从设计到选材一步步去完成。在该学习情境中主要对以下项目进行过程考核：

（1）材料的寻找，对材料性能的理解是否准确。

（2）面的立体构成的表现手法。

知识链接与能力拓展

1. 面材在设计中的运用

图 20.7　灯饰设计

图 20.8　室内设计

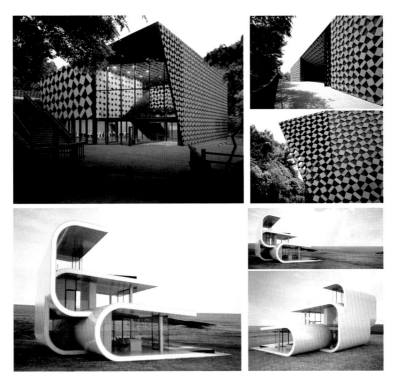

图 20.9　建筑设计

图 20.10　景观设计

图 20.11　家具设计

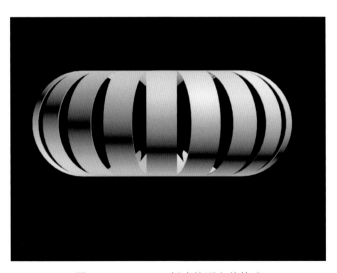

图 20.12　包装设计

2. 面材立体构成在计算机中的实际运用

使用计算机进行立体构成练习可以提高学生的想象力。用计算机进行立体构成设计不受现实材料的限制，可以在计算机的三维世界里自由发挥，用不同材质进行立体造型设计，是对思维的极大解放。

下面给出三维软件中面立体的建立方法（以 3ds max 2012 为例）。

图 20.13　3ds max 创建的面立体构成

（1）打开 3ds max 软件，在"创建"命令面板中选择"多边形"，如图 20.14 所示。

（2）在修改器列表里修改多边形的半径为 50mm，如图 20.15 所示。

图 20.14　创建多边形

图 20.15　设置参数

（3）在顶视图中进行创建，如图 20.16 所示。

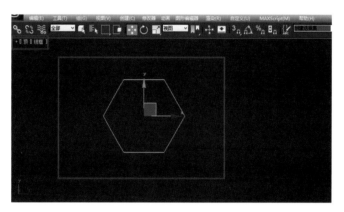
图 20.16　在顶视图中创建的效果

（4）选择多边形并右击，转化成可编辑样条线，如图 20.17 所示。

（5）选择点层级，如图 20.18 所示。

图 20.17　转换成可编辑样条线

图 20.18　选择点层级

（6）选中所有的点并右击，转化成角点，如图 20.19 所示。

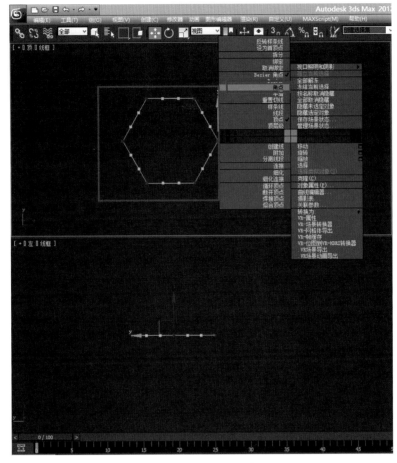

图 20.19　转换成角点

（7）分别选择左右三个点，往左右水平方向拉伸，如图 20.20 所示。

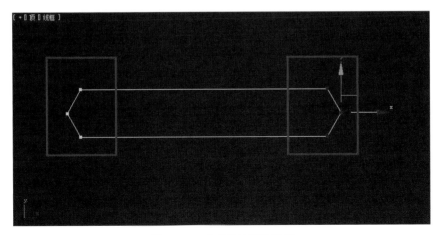

图 20.20　改变多边形的造型

（8）选择最左边这个点并右击，转化成 Bezier 角点，如图 20.21 所示。

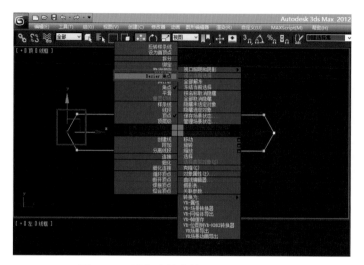

图 20.21　最左边的点转化成 Bezier 角点

（9）向左方向水平拖动，造型如图 20.22 所示。

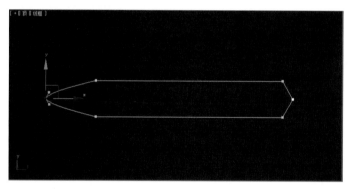

图 20.22　移动 Bezier 角点

（10）用同样的方法设置最右边的点，最终造型效果如图 20.23 所示。

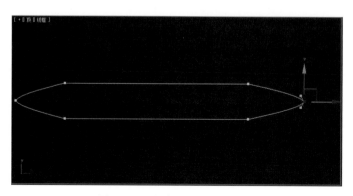

图 20.23　多边形改变后的效果

（11）选择线段层级，选中这两根线，如图 20.24 所示。

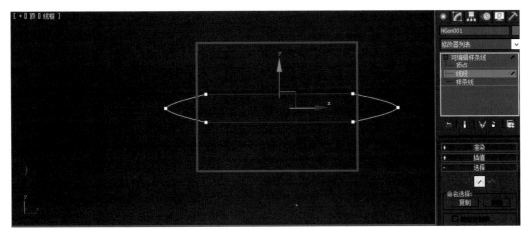

图 20.24　选择中间的两条线段

（12）设置拆分值为 20，让它产生更多的点才能执行后面的弯曲命令，如图 20.25 所示。

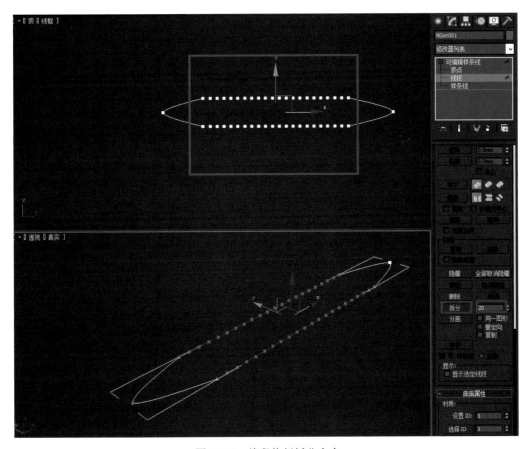

图 20.25　线段执行拆分命令

（13）给予平面挤出命令，挤出高度为 1.5mm，如图 20.26 所示。

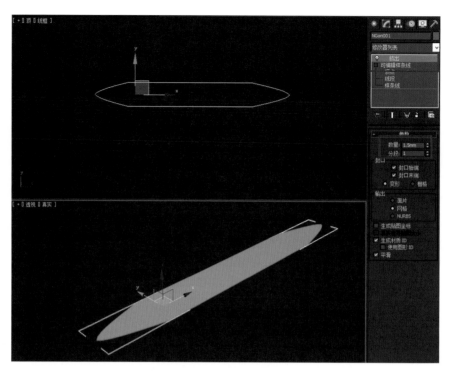

图 20.26　添加挤出命令

（14）给予平面弯曲命令，在 X 轴上进行 -285 度的弯曲，如图 20.27 所示。

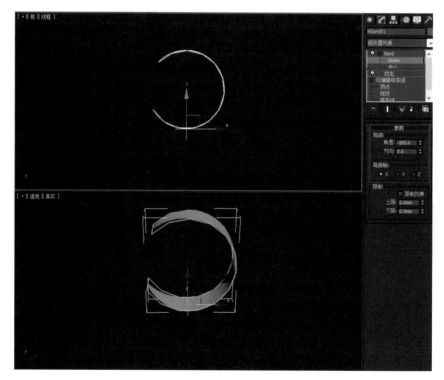

图 20.27　添加弯曲命令

（15）选择层，单击"仅影响轴"，在前视图中移动轴的位置，然后关闭"仅影响轴"，如图 20.28 所示。

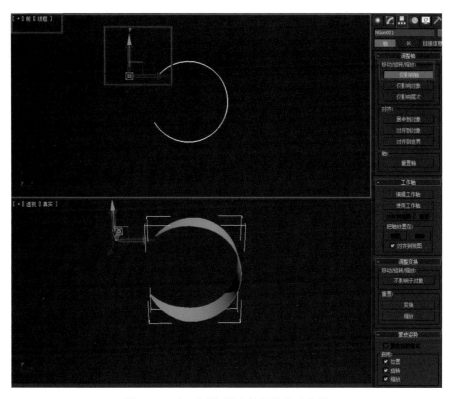

图 20.28　打开"仅影响轴"并移动位置

（16）选择"角度捕捉切换"命令，右击，设置角度为 20 度，如图 20.29 所示。

（17）按 E 键，选择并旋转工具，在前视图中进行旋转复制，数量为 17，如图 20.30 所示。

图 20.29　设置捕捉角度

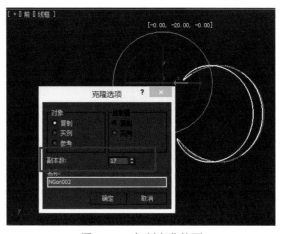

图 20.30　复制弯曲的面

旋转复制完成后在 4 个视图中的效果如图 20.31 所示。

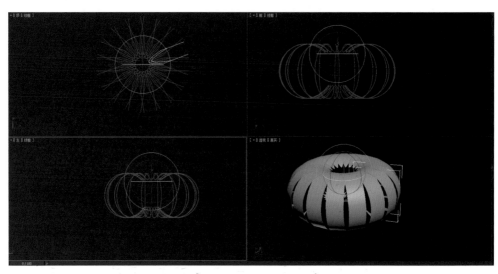

图 20.31　复制完成后的效果

（18）可以修改每一个面的颜色，完成后的效果如图 20.32 所示。

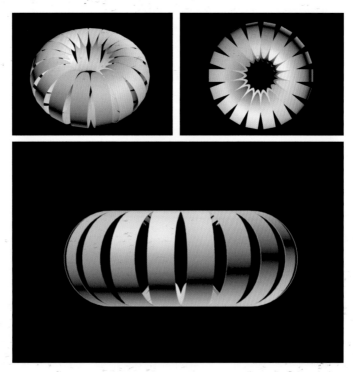

图 20.32　最终完成后的效果

3．课后研讨

思考面材（金属、玻璃、石材、木材）在立体构成中是如何应用的。

学习情境 21　块的立体构成

学习要点

- ◉ 块材的概念。
- ◉ 块的视觉特征和分类。
- ◉ 块材构成的形式。

任务描述

块材是立体世界中最基本的表现形式，能最有效地表现空间立体的造型。块材的构成讲究形体的刚柔、曲直、长短等因素的对比变化以及空间的对比等。在对变形、分割、聚积三种构成形式有一定理解后，通过"块"构成的学习与材料的研究，以纸为原材料，利用块的各种体块关系进行变形、分割、聚积处理，练习制作一件块立体构成作品，以此来掌握块的构成形式。

相关知识

1．块材的概念

块材具有明显的体重特点，长、宽、高都使立体空间关系表现突出。体积稍大者称为块材，体积较小者称为粒材。

2．块材的视觉特征和分类

块材的视觉特征：重量感、充实感，具有较强的视觉效果，犹如人的肌肉。块材依造型分为几何块材和有机块材。几何块材分界明显，有机块材过渡柔和。几何块材又分为角块、方块、球块。

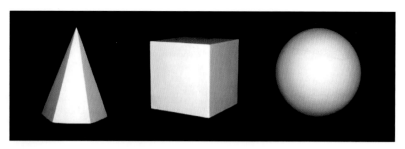

图 21.1　角块、方块、球块

3. 块立体构成形式

块立体构成形式有变形、分割、聚积。

（1）变形。变形的目的是让立体形态更加丰富优美，使单一的形体变得更加复杂丰富，使平面或者直面的形态变成曲面形态。

变形的方法有以下几种：

- 扭曲：使形体发生旋转，从而产生柔和的效果。
- 膨胀：形体向外球面扩张，从而表现出内力对外力的反抗，具有弹性和生命感。
- 收缩：形体向内收缩，从而表现出外力对内力的压迫感，或表现内在的吸附力。比如用双手挤压物体。
- 倾斜：形体的重心发生偏移，从而使立体形态产生倾斜面或斜线，产生动感，达到生动活泼的目的。
- 盘绕：基本形体按照某个特定方向盘绕运动，呈某种具有引导意义的动势。盘绕可分为水平方向的盘绕和三维方向的盘绕。

图 21.2　扭曲

图 21.3　膨胀

图 21.4　收缩

图 21.5　倾斜

图 21.6　盘绕

（2）分割。分割也称为减法创造，是指对原形体进行切削、分割和重组等，从而创造出新的造型。具体的方法有以下几种：

● 分裂：使原形断裂开来，就像花蕾绽放开来一样，表现一种内在的生命力量。分裂是在一个整体上进行的，所以具有统一感。

 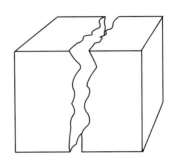

图 21.7　分裂示意图

图 21.8　果实分裂（文楼　金属雕塑）　　　　图 21.9　双圆象（文楼）

● 破坏：在完整的物体上进行破坏，造成一种残像，是一种打破规律寻求形体创造的简单方便的办法。

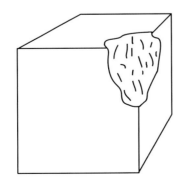 

图 21.10　破坏示意图

图 21.11 破坏形式的米洛斯的维纳斯

图 21.12 破坏之美的建筑

● 退层：使基本形体渐次后退或者逐渐脱落减退。退层处理一般用于高层建筑、商品展示，都是为了打破简单的外形。

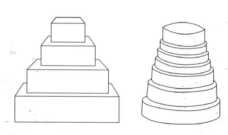

图 21.13 退层示意图

图 21.14 退层形式的定州塔

图 21.15 退层设计的蛋糕

● 切割：在形体的任何部位，向内部的不同角度进行切割，从而使简单的形体既有平面、虚面，又有凸面、凹面等多种体面变化。与破坏一样是为了寻求形体上的变化，与破坏不同的是，切割是精心设计完成的，而破坏是随机的。切割改变了原来的形态还增强了立体感，从而使形体产生丰富的变化效果。切割的形式有两种：一种是几何式切割，另一种是自由式切割。切割的比例可以是等分割、等比分割，也可以是随意分割的；切割可以是横向的，也可以是纵向的或斜向的。

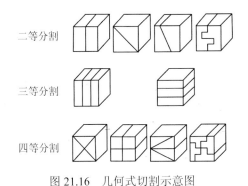

图 21.16　几何式切割示意图

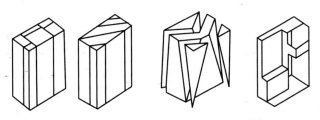

图 21.17　自由式切割示意图

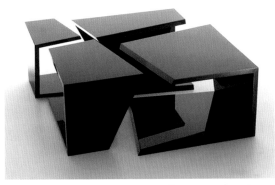

图 21.18　切割

● 分割移动：将形体分割后重新进行组合。分割移动改变了原形态的造型，使其被切割的形态产生了规律或非规律的变化。

图 21.19　分割移动示意图

分割移动后的形态，虽然外形发生了很大变化，但却不失原形态的特点。

图 21.20　分割移动的建筑

（3）聚积。简单的形态经过与其他形态相组合就能创造出较为复杂的形态来；反过来，复杂的形体往往也可以分解为简单形体的组合，这就是加法创造。

聚积的组合方式有以下几种：

● 堆积组合：由几个基本几何形体经过堆砌组合构成的新的结构单位。

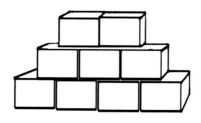

图 21.21　堆积组合示意图

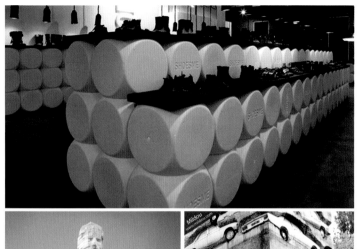

图 21.22　堆积组合

● 接触组合：形体的线、面、角相互接触后组合成新的造型。线的接触是指形与形的棱线相重叠，面的接触是指形与形的面相重叠，角的接触是指形与形的角相重叠。

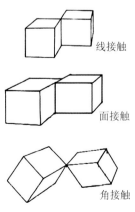

线接触

面接触

角接触

图 21.23　接触组合示意图

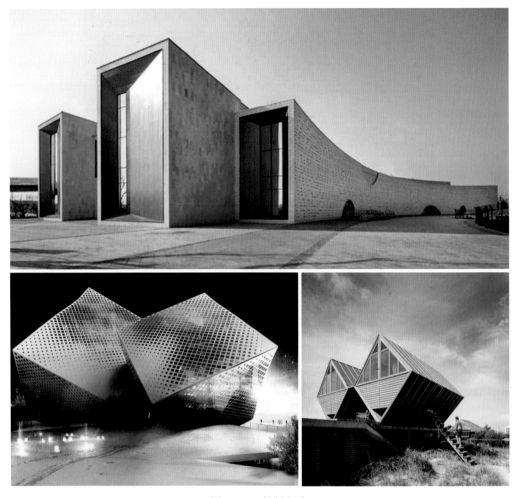

图 21.24　接触组合

● 贴加组合：在较大形体的侧壁上悬空贴附较小的形体。

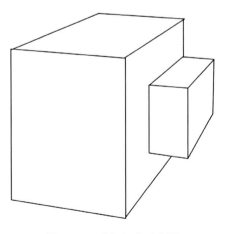

图 21.25　贴加组合示意图

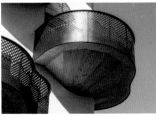

图 21.26　贴加组合

● 叠合组合：一个形体的一部分嵌入另一形体的某一部分之中称为叠合组合。嵌入可以是一个形态嵌入另一个形态，也可以是多个形态的嵌入，从而使整体形象更为生动。

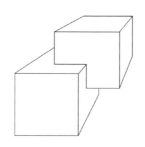

图 21.27　叠合组合示意图

图 21.28　叠合组合

● 贯穿组合：一个形体贯穿另一个形体的内部称为贯穿组合。贯穿所产生的各面之间的交线根据形体的复杂程度和方位的不同而不同，它们都是空间曲线或折线。

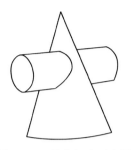

图 21.29　贯穿组合示意图

图 21.30　贯穿组合

任务实施

通过对"块"构成的学习与研究，以纸为原材料制作一件块立体构成作品。

完成该任务的注意事项：

（1）物美价廉、容易加工制作的材料，例如 KT 板、泡沫等，也可以制作各种封闭性、相似简单的集合块体，然后再进行加工组合。

（2）作业数量：1 个。

（3）作业尺寸：高度 50cm 以内（含底座）。

考核要点

利用块的各种体块关系进行折叠、粘贴、切割处理。在该学习情境中主要对以下项目进行过程考核：

（1）自定主题明确，作品表达准确健康。

（2）设计新颖，制作精致美观。

知识链接与能力拓展

1. 块材在设计中的运用

图 21.31　块材在灯具设计中的运用

图 21.32　块材在家具设计中的运用

图 21.33　块材在装饰品设计上的运用

2. 课后研讨

思考块材（金属、石材、木材）在立体构成中是如何应用的。

参考文献

[1] 毛溪. 平面构成 [M]. 上海：上海人民美术出版社，2006.

[2] 李友友. 平面构成 [M]. 长沙：湖南人民美术出版社，2008.

[3] 王雪青，郑美京. 二维设计基础 [M]. 上海：上海人民美术出版社，2016.

[4] 廖景丽. 色彩的构成艺术 [M]. 西安：西安交通大学出版社，2014.

[5] 陈珊妍. 色彩创意设计 [M]. 南京：东南大学出版社，2018.

[6] 叶经文. 色彩构成 [M]. 北京：清华大学出版社，2016.

[7] 李鹏程，王炜. 色彩构成 [M]. 上海：上海人民美术出版社，2015.

[8] 宋奕勤. 色彩构成 [M]. 重庆：重庆大学出版社，2013.

[9] 吴艺华. 立体构成 [M]. 上海：上海人民美术出版社，2012.

[10] 朝仓直巳. 艺术设计的立体构成（修订版）[M]. 南京：江苏科学技术出版社，2018.

[11] 巩尊珉，李敏，蔺相东. 立体构成 [M]. 北京：中国轻工业出版社，2018.

[12] 胡璟辉，兰玉琪. 立体构成原理与实战策略 [M]. 北京：清华大学出版社，2018.

参考网站

[1] 花瓣网：http://www.huaban.com.

[2] 视觉同盟：http://www.visionunion.com.